처음
손바느질

손바느질, 손글씨, 손편지… 옛날에는 그저 모두 '바느질, 글씨, 편지'라고 말했는데 이제는 모든 일을 기계로 쉽고 빠르게 하다 보니 굳이 '손'이라는 말을 붙여 달리 말할 만큼 손으로 하는 일이 아주 드물어 졌어요.

곰곰 제 어릴 때를 돌아보면 집에서 어른들이 바느질하는 모습을 곧잘 볼 수 있었어요. 할머니는 손수 한복을 지어주셨고 자투리 천으로 한복에 다는 동전들과 인형 옷을 만들어 주셨어요. 이불 호청을 빨아 풀 먹이고 다듬이질한 뒤에 시침질하던 모습도 생각나네요. 집에서 쓰는 바구니와 체가 닳아 구멍이 나면 아 버지가 바느질해 손을 보셨고 어머니는 오래 써서 해진 방석이나 베갯니, 구멍 난 양말에 천을 덧대서 기 워 쓰셨어요. 바느질에 얽힌 옛 일들을 떠올리면 그 바탕에는 뭔지 모를 따뜻함이 배어 있었던 듯싶어요.

바느질로 만나는 자리에서 '바느질' 이야기를 꺼내면 얼굴을 찡그리거나 손사래 치는 분들이 많아요. 바느질에는 영 솜씨가 없다고 먼저 말씀하시는 분들도 있고 왜 굳이 힘들게 손바느질해야 하냐고 물어보 는 분들도 있어요.

바느질, 꼭 잘하지 않아도 돼요. 잘하려고 애쓰지 않았으면 좋겠어요. 잘해야 한다고 생각할수록 바느 질하고 싶던 마음은 사라져 버려요. 솜씨가 좀 없으면 어때요. 바느질 해보려는 마음이 더 예뻐요. 서툴면 서툰 대로 삐뚤빼뚤 한 땀 두 땀 옮기는 손길이 더 고와요. 바느질은 손끝 야무진 바느질쟁이들만 하는 저 멀리 있는 예술이 아니라 누구나 쉬이 할 수 있는 놀이이자 삶에서 자연스레 나온 지혜이니까요.

이 책에는 바느질이 주는 수수함과 정직함을 담고 싶었어요. 손바느질하는 까닭과 손맛을 살리려고 쉽게 사서 쓸 수 있는 부자재들을 될 수 있는 대로 덜 쓰고 쓸데없는 꾸밈을 넣지 않았어요. 투박하게 보일 수도 있고 만들기 힘들다고 느낄 수도 있지만 그만큼 손바느질이 주는 따뜻함과 느긋함은 오롯이 느끼실 수 있으리라 믿어요.

꾸러미마다 앞쪽은 쉽게 만들 수 있는 소품들로 뒤쪽으로 가면서 조금씩 만들기 과정이 하나씩 더해지는 소품들로 꾸렸어요.

제 옷장에는 초등학교 때 어머니께서 떠주신 스웨터가 아직까지 걸려 있어요. 회사 다니느라 바쁜 어머니를 졸라서 갖게 된 옷이었지요. 어릴 때는 다른 친구들처럼 스웨터를 짜달라는 게 그렇게 큰 욕심인 줄 몰랐어요. 다 크고 나서 보니 어머니께서 얼마나 힘드셨을까 싶어서 볼수록 미안한 마음이 들어요. 이제는 한참 작아서 입지도 못하는데 이 옷은 그저 입고 마는 옷이 아니라 어릴 때 마음과 이야기가 담긴 사진첩 같아서 버릴 수가 없어요.

손바느질하는 마음을 이 이야기로 말하고 싶어요.

송 민 혜

차 례

01 사랑스러운 한 땀

: 엄마 마음을 담아요

02 즐거운 한 땀

: 아이랑 함께 만들어요

그림놀이 해요

둘레에서 얻어요

03 따뜻한 한 땀

: 선물하기에 좋아요

04 포근한 한 땀

: 책 읽을 때 생각나요

05 홀가분한 한 땀

: 나들이할 때 필요해요

천

만들기에 앞서 천 이야기를 먼저 할게요.
이 책에 실린 소품들은 모두 면과 마로 만들었어요.

· **면과 마는 빨고 나면 길이가 줄어들기 때문에 만들기에 앞서 미리 빨아 두어야 해요.**

큰 통에 물을 담고 천을 넣어 서너 시간쯤 담가 두세요. 천을 만들 때 쓴 화학약품과 풀기가 잘 빠질 수
있게 조물락조물락 해주면 좋아요. 그리고 잘 말립니다. 빳빳이 다 마르기 앞서 살짝 덜 말랐을 때 다림
질을 해주면 구김을 쉽게 펼 수 있어요.
이렇게 미리 빨아 두면 물이 빠지는 천인지 올 틀어짐은 없는지 미리 알 수 있고 몸에 좋지 않은 먼지와
화학약품들을 씻어낼 수 있어 좋아요. 한 땀 한 땀 열심히 만든 소품이 한 번 쓰고 줄어들어서 속상해지
는 일이 없었으면 좋겠어요.

· **천으로 물건을 만들 때는 안과 겉을 나누어 볼 수 있어야 해요.**

물건을 만들 때는 천 겉이 바깥으로 나오게 만드는데 무늬가 있는 천은 무늬가 그려진 쪽이 겉, 무늬가
더 또렷한 쪽이 겉입니다. 앞뒤가 서로 비슷하거나 무늬가 없어서 헷갈릴 때는 천 양옆을 보면 쉬워요.
바늘땀 같은 구멍이 촘촘히 나 있고 잘 살펴보았을 때 구멍이 오목하게 들어간 쪽이 겉이고 볼록한 쪽이
안이에요. 또 천을 만든 회사 이름과 천 만들 때 쓴 염료 빛깔들이 동그랗게 찍혀 있는 쪽이 겉이랍니다.

· 천을 자르기 앞서 식서와 푸서, 바이어스를 알아 두세요.

천은 씨실과 날실이 90°로 하나씩 엇갈리면서 짜여지는데 아래 그림처럼 씨실이 가로로 한 올씩 들어가며 길이로 더해지는 쪽이 식서, 날실이 세로로 한 올씩 들어가며 넓이로 더해지는 쪽이 푸서에요. 그러니까 식서는 천 길이 쪽, 푸서는 천 넓이 쪽입니다.

식서는 올이 풀리지 않고 양쪽을 잡아 당겼을 때 늘어나지 않아서 천을 식서로 맞춰 자르면 옷이나 소품을 만들었을 때 모양이 바뀌지 않지만 푸서는 올이 잘 풀리고 옆으로 늘어나기 때문에 천을 자를 때 푸서에 맞춰 자르는 일은 거의 없어요.

식서와 푸서 45°를 바이어스(bias)라고 해요. 대각선 쪽을 말하며 우리말로는 '어슷끊기'라고 해요. 바이어스 쪽으로 잡아 당기면 천이 아주 잘 늘어납니다. 흔히 말하는 바이어스 테이프는 이렇게 잘 늘어나는 성질을 살려 대각선으로 잘라 이어 붙인 테이프를 말해요. 옷 만들기에서 목둘레나 진동둘레처럼 둥근 곳을 감쌀 때 좋아요. 그렇지만 이렇게 대각선으로 자르면 천이 쓸데없이 많이 버려져요. 식서와 푸서, 바이어스만 잘 알아도 만들기는 그렇게 어렵지 않아요.

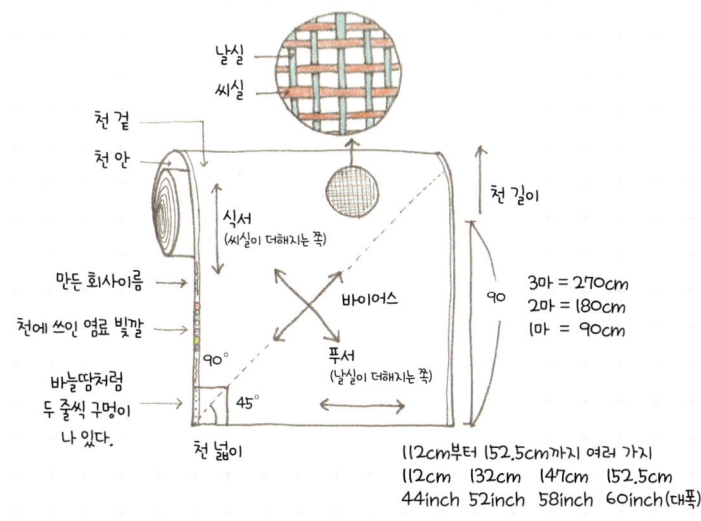

반짇고리

처음 바느질할 때 필요한 도구들이에요.

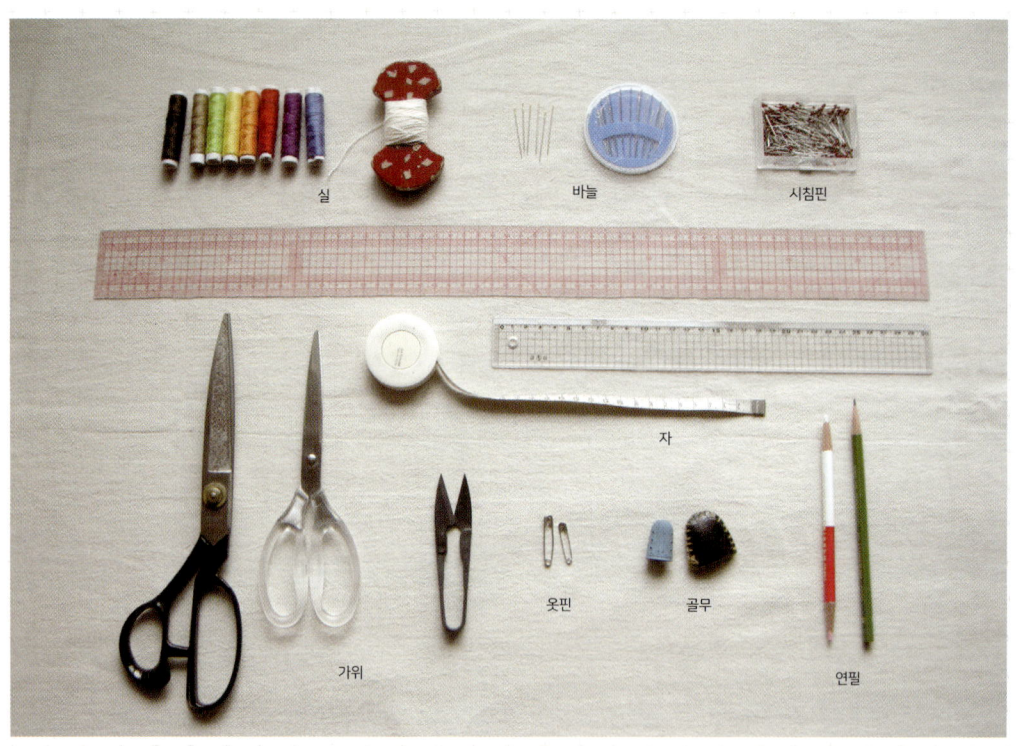

실   바늘   시침핀

자

가위   옷핀   골무   연필

· 가위

천을 자를 수 있으면 아무 가위라도 좋아요. 처음부터 비싼 재단가위를 살 필요는 없어요. 저도 가방(창작소품 somh)을 처음 만들 때 천 원짜리 가위로 만들었어요. 아주 잘 잘린답니다. 다만, 천을 자르려고 가위를 장만했다면 천만 질라야 해요. 전 사트나가 종이 자르고 종이 자르다가 비닐 자르면 더는 천을 자를 수 없게 돼요. 가위는 '값'보다 '관리'랍니다. 작은 가위보다는 큰 가위가 쓰기에 편하지만 쓰는 사람 손 크기에 알맞게 가위를 고르면 돼요. 쪽가위는 하나쯤 곁들여 보세요. 쉽게 눌러 쓸 수 있어서 실 자를 때 한결 편해요.

· 바늘

바늘도 여러 가지 참 많죠. 퀼트바늘, 패치워크바늘, 자수바늘, 시침바늘…… 복잡해서 헷갈리시죠? 손에 맞아 쓰기 편한 바늘이 가장 좋은 바늘이 아닐까 싶어요.
바늘은 실이 들어가는 바늘귀 크기와 바늘몸통 굵기에 따라서 여러 가지로 나뉘는데 처음 손바느질할 때는 쉽게 사서 쓸 수 있는 아무 바늘이나 좋아요. 이불 꿰맬 때 쓰는 굵고 큰 시침바늘만 빼고요. 바늘을 살 때는 바늘 끝이 휘어지지 않고 뾰족한지, 뭉툭하지는 않은지, 바늘귀가 너무 크지는 않은지 살펴보세요. 바늘귀가 너무 굵고 크면 뺄 때 잘 빠지지 않아요.

· 실

실도 바늘만큼이나 꽤 여러 가지가 있어요. 어느 한쪽으로 깊이 있는 바느질을 한다면 그에 맞는 실을 찾아 써야 겠지만 재미로 무언가 만들 때는 쉬 마련해서 얼른 쓸 수 있는 실로 바느질해야 즐겁지 않을까 싶어요. 요즘은 천냥가게에서도 바느질 도구들을 쉽게 볼 수 있잖아요. 값도 싸고 빛깔도 고루 갖춘 괜찮은 상품들이 많이 나와 있어요. 살짝 빛이 감도는 폴리실들이라 수를 놓을 때도 괜찮답니다. 자수 놓기만 오롯이 한다면 모르겠지만 바느질에 수를 살짝 곁들이는 만큼이라면 꼭 자수실을 갖추어서 쓰지 않아도 돼요.

그리고 시침실이 있어야겠네요. 시침실은 면으로 된 굵은 실로 이불 꿰맬 때 많이 써요.

· 연필

천에 모양을 그리거나 본을 뜰 때 연필이 필요해요. 그림 그릴 때 쓰는 2B, 4B만 아니면 무슨 연필이든 괜찮아요. 연필은 H로 갈수록 흐려지고 B로 갈수록 진해져요. 그러니까 가운데쯤 있는 HB나 B 연필이면 알맞지 않을까 싶어요. 천이 짙은 빛깔일 때는 연필선이 잘 보이지 않으니까 초크를 연필로 만든 초크연필은 하나쯤 있으면 좋아요. 한쪽은 하얀빛, 한쪽은 분홍빛(또는 노란빛, 파란빛)이라 양쪽으로 쓸 수 있어요. 연필과 초크연필로 그은 선은 빨면 지워진답니다. 마름질할 때는 힘 주어 긋지 말고 살살 그어 주세요.

선을 그은 뒤 시간이 지나면 날아가서 사라지거나 빨면 지워지는 전문 펜도 있지만 처음에는 그냥 연필로 홀가분하게 해보세요.

· 자

모눈자와 줄자가 있으면 좋아요.

모눈자는 5mm마다 칸칸이 선이 그어져 있어 마름질할 때 쓰기 편하고 직각을 그을 때 좋아요. 60cm 모눈자는 문방구에서 파는 자 말고 얇은 플라스틱으로 된 바느질할 때 쓰는 자를 권해 드리고 싶어요. 휘어지기도 하고 가벼워서 천을 마름질할 때 한결 편하답니다. 30cm 모눈자는 문방구 자를 쓰면 돼요.

줄자는 둥근 모양과 입체를 잴 때 좋아요. 한 쪽은 cm, 한 쪽은 inch로 쓰여 있어요.

· 시침핀

시침핀도 문방구 시침핀보다는 바느질할 때 쓰는 얇고 긴 시침핀을 권해 드리고 싶어요. 바늘 끝이 더 뾰족하고 날카로워서 천에 흠집이 덜 남아요. 그렇지만 날카로운 만큼 찔리면 훨씬 따끔해요.

· 골무

두꺼운 천을 꿰매거나 바느질을 오래 하면 손톱도 많이 긁히고 손가락이 얼얼해져요. 이럴 때 골무를 끼면 좋아요. 재질에 따라 천 골무, 고무 골무, 가죽 골무, 금속 골무로 나뉘고 쓰기에 편한 대로 골라 쓰면 돼요. 너무 두꺼운 골무는 바느질할 때 손가락이 둔해져서 답답할 수도 있어요.

· 옷핀

고무줄과 끈을 넣을 때 써요. 옷핀 꼬리에 묶어도 되고 옷핀 바늘에 고무줄이나 끈을 한 땀 떠서 넣어도 돼요.

재료

이 책에 실린 소품을 만들 때 쓴
여러 가지 부자재들이에요.

퀼팅솜(접착퀼팅솜)　　심지(접착심지)　　구름솜　　방울솜　　찍찍이　　방수천

비즈　　나무비즈　　나무단추　　플라스틱단추　　　　　　　　　　지퍼

넉 줄 꽈배기끈　　두 줄 꽈배기끈　　납작한 면끈　　납작한 고무줄　　둥근 고무줄

섬유물감과 섬유크레용

마끈　　　　　　면 레이스　　　　마스크끈　　낚싯줄

스웨이드끈　　가죽끈　　매듭끈　　동그란 쇠고리　　똑딱단추

바네

· **퀼팅솜(접착퀼팅솜)**

천에 덧댈 때 쓰는 솜이에요. 두께에 따라 2온스, 3온스,
4온스, 5온스로 나뉘어요. 숫자가 커질수록 두꺼워져
요. 한쪽에 파라핀(촛농)이 발린 접착퀼팅솜은 다림질해
붙여 쓴답니다. 이 책에 실린 소품들은 2온스와 4온스
접착퀼팅솜을 써서 만들었어요.

· **심지(접착심지)**

천을 조금 더 빳빳하게 만들고 싶을 때 심지를 덧대요.
모자 만들 때 곧잘 쓰이죠. 부드러운 심지와 빳빳한 심지
두 가지가 있어서 골라 쓸 수 있고 접착퀼팅솜처럼 한쪽
에 파라핀(촛농)이 발린 접착심지가 있어요. 붙이는 방

법은 접착퀼팅솜처럼 다림질해 붙여요. 이 책에서는 빳
빳한 접착심지를 썼어요.

· **구름솜과 방울솜**

구름솜은 뭉쳐 있어서 방울솜보다 넣기 쉽지만 손으로
잘 만져주지 않으면 모양이 울퉁불퉁하게 남아요. 그래
서 덩어리를 작게 만들어 여러 번 넣으면서 안쪽부터 살
채워야 한답니다. 방울솜은 알갱이라 넣을 때 성가시지
만 창구멍을 막은 뒤에도 살짝 주무르면 고르게 펼 수 있
어서 좋아요. 그래서 작고 아기자기한 소품을 만들 때는
방울솜을 많이 쓰고 크고 밋밋한 소품을 만들 때는 구름
솜을 많이 쓴답니다.

· 단추

단추는 지름 넓이에 따라 크기가 달라지고 mm로 나타내요. 이 책에서는 6mm, 10mm, 12mm, 13mm 플라스틱 단추와 12mm 나무단추를 썼어요. 안 입는 옷에 달린 단추도 살려 쓰면 좋아요.

· 똑딱단추

똑딱단추는 아래위 한 쌍으로 되어 있어요. 단추와 마찬가지로 지름 넓이에 따라 크기가 달라지고 재질에 따라 플라스틱과 스테인리스로 나뉘어요. 플라스틱 똑딱단추는 옷에 많이 쓰이고 스테인리스 똑딱단추는 가방처럼 소품에 많이 쓰여요. 이 책에서는 12mm와 14mm 스테인리스 똑딱단추를 하나씩 썼어요.

· 비즈와 나무비즈

비즈는 팔찌와 목걸이 만들기에서 깨처럼 작은 2mm 비즈를 썼어요. 서너 가지 빛깔이 있으면 좋아요. 낱개로 팔지 않고 작은 비닐봉투에 넣어 한 묶음으로 판답니다. 나무비즈는 나무로 된 장식재료예요. 단추와 달리 구멍이 하나랍니다. 이 책에서는 알처럼 생긴 8mm 나무알과 길쭉한 13mm 나무비즈를 썼어요.

· 끈

끈은 소재, 두께, 짜임과 꼬임에 따라 여러 가지로 나뉘어요. 만들어진 소재에 따라 면끈, 마끈, 가죽끈, 나일론끈으로 나뉘고 짜임과 꼬임에 따라 꽈배기끈, 납작한 끈으로 나뉘어요. 꽈배기 끈은 말 그대로 두 줄이나 넉 줄로 꼬아 만든 끈이고 납작한 끈은 납작하게 짜인 끈을 말해요. 여러 가지 넓이가 있어요. 이 책에서는 5mm 두 줄 꽈배기끈, 6mm 넉 줄 꽈배기끈, 12mm 납작한 면끈, 2mm 매듭끈, 1mm 가죽끈, 3mm 스웨이드끈을 썼고 그 밖에도 마스크끈, 마끈, 면으로 된 레이스를 썼어요.

· 고무줄

고무줄은 두께에 따라 다르고 단면 모양에 따라 둥근 모양과 납작한 모양으로 나뉜답니다. 이 책에서는 옷 만들기에서 널리 쓰는 납작한 5.5mm 하얀 고무줄을 썼어요.

· 낚싯줄

모빌 만들 때 낚싯줄이 들어가요. 실로 해도 되지만 실은 먼지가 잘 붙어서 낚싯줄로 하면 더 좋아요.

· 지퍼

지퍼는 맞물리는 이 재질에 따라 플라스틱, 금속으로 나뉘어요. 금속지퍼는 청바지에 많이 쓰여요. 구멍이 없고 길쭉한 물방울 같은 지퍼머리가 달린 지퍼를 콘솔지퍼라고 하는데 원피스나 치마에 곧잘 쓰여요. 이 책에서는 가장 널리 쓰는 26cm, 60cm 바지지퍼를 하나씩 썼어요.

· 찍찍이

'밸크로'라고 굳이 어렵게 부르지 않아도 돼요. '찍찍이'라는 말이 널리 쓰이니까요. 찍찍이는 까슬까슬한 쪽과 보슬보슬한 쪽 한 쌍으로 되어 있어요. 쓰려는 길이만큼 잘라서 양쪽을 떼어내고 따로따로 붙이면 돼요.

· 바네

지퍼보다 열고 닫기 쉬운 금속 재료예요. 엄지와 검지 두 손가락으로 양쪽 끄트머리를 잡고 힘을 주면 쉬 벌어져요. 길이에 따라 8cm, 10cm, 12cm, 13cm, 15cm가 있고 두께에 따라 1cm, 1.5cm가 있어요. 이 책에서는 명함지갑을 만들며 두께 1cm 길이 12cm의 바네를 썼어요.

· 동그란 쇠고리

열쇠고리 끈 만들 때 지름 2.5cm 고리를 두 개 썼어요. 동그란 쇠고리는 문방구나 화방에서 쉽게 살 수 있어요.

· 섬유물감과 섬유크레용

섬유물감은 수채화처럼 물을 섞어 쓰고 빛깔과 빛깔을 섞어 쓸 수도 있어요. 다만, 붓이 빨리 굳기 때문에 염료가 마르기 앞서 재빨리 헹궈야 해요. 섬유크레용도 일반 크레용처럼 써요. 기름이 많아서 섬유물감보다 찐득하게 남아요. 선으로 질감을 낼 때는 좋아요. 그림을 그린 뒤에는 잘 말린 다음 염료가 천에 잘 스미도록 다리미로 다려줘야 해요. 그래야 물 빠짐없이 오래 쓸 수 있어요. 우리나라에서 만든 섬유물감은 값이 칠팔천 원 쯤하고 섬유크레용은 대만에서 만든 제품이 삼사천 원 사이라 큰 부담 없이 쓸 수 있어요.

· 방수천

꼬마돗자리를 만들 때 방수천이 필요해요. 방수천은 옷뿐만 아니라 식탁보나 욕실 샤워커튼으로도 많이 쓰여요. 재활용을 하고 싶다면 못 쓰게 된 우산천이나 비옷을 잘라 써도 좋아요.

01

사랑스러운 한 땀

엄마 마음을 담아요

아이들에게 엄마 손길 담은 소품을 선물해 보세요.
제 쓰임이 있는 소품들이라면 아이가 늘 곁에 두고
쓰면서 엄마 사랑을 담뿍 받을 수 있어요.
만들기 쉬운 소품부터 어려운 소품까지,
하나씩 만들면서 바느질하는 재미도 느낄 수 있어요.

손수건

토시

마스크

고깔

청바지 해진 무릎 덧대기

자투리 천으로 만든 공

물통주머니

아코디언주머니 가방

손수건

아이들 바깥놀이 할 때 하나쯤 챙겨주면 좋은 손수건.
손수건이 있으면 화장지와 물수건을 덜 쓸 수 있어 좋아요.
한 땀 한 땀 수수하게 만든 손수건을 선물해 보세요.

손수건을 쓰면 쉬이 쓰고 버리는 화장지와 물수건을
덜 쓸 수 있어서 자연스레 우리 삶 둘레를 돌아볼 수 있어요.
때에 따라 알맞게 쓰면서 아이가 자원과 환경을 함께
헤아려 볼 수 있도록 뜻깊은 손수건을 선물하면 어떨까요.

30수 면 36 × 36cm

1 가로 36cm 세로 36cm인 천을 한 장 잘라
   준비한다.

2 네 면 모두 0.2cm씩 두 번 접은 뒤 시침핀
   으로 꽂는다. (크기가 작을 때는 다리미 대
   신 손톱으로 문질러 접어요.)

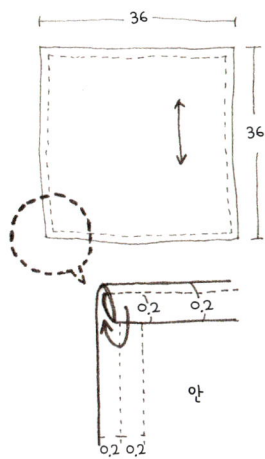

3 바늘에 실을 한 올 꿰서 공그르기 한다. (공그르기 할 때
   는 실 한 올이 좋아요. 공그르기가 어려우면 감침질로 마
   무리하세요.)

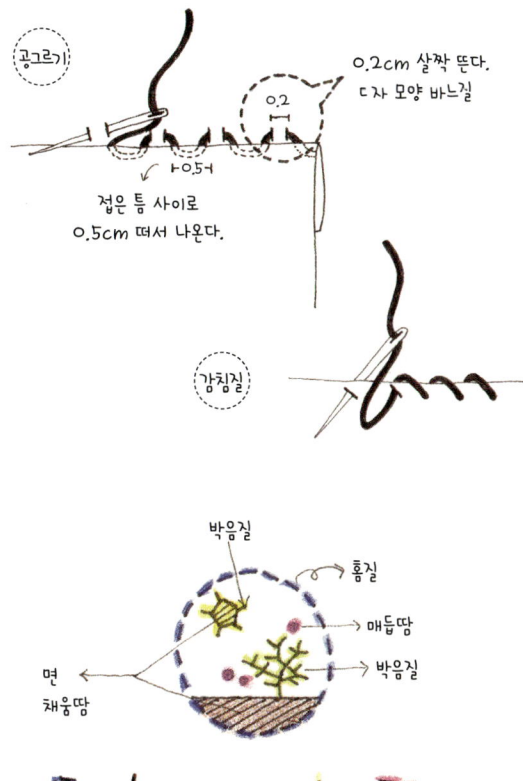

4 한 쪽 귀퉁이에 '자연'을 떠올리는 말들을
   박음질해 넣고 여러 가지 바늘땀으로 그림
   을 그린다. (먼저 연필로 보일 듯 말듯 글씨
   를 써놓은 뒤 바느질하면 쉬워요. 아이 이름
   이나 하고 싶은 말을 넣어도 좋아요.)

5 나머지 세 귀퉁이에 빛깔이 다
른 실로 홈질해 꾸민다.

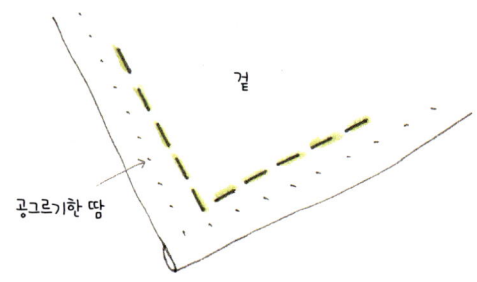

겉

공그리기한 땀

[여러 가지 바늘땀]

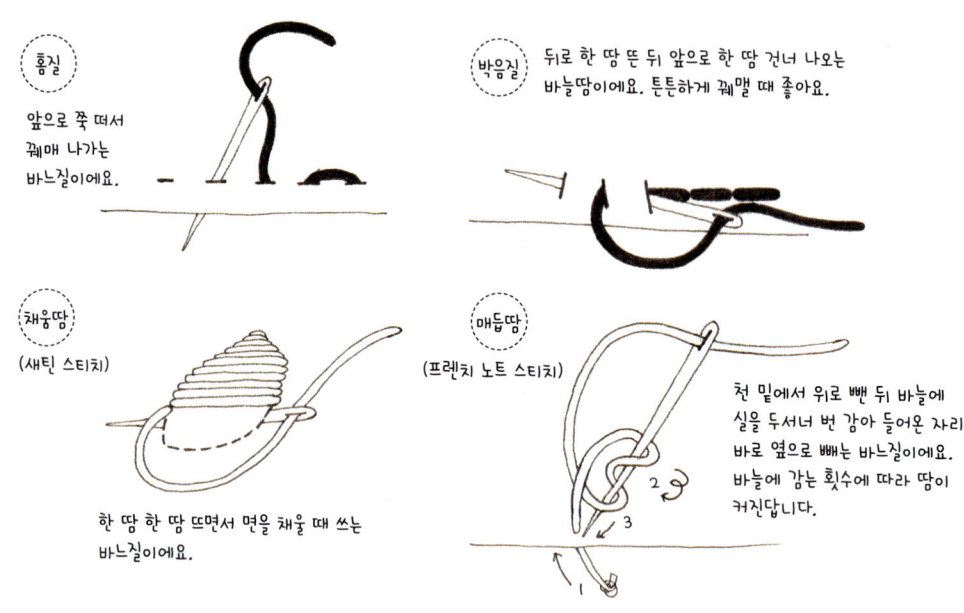

홈질

앞으로 쭉 떠서
꿰매 나가는
바느질이에요.

박음질

뒤로 한 땀 뜬 뒤 앞으로 한 땀 건너 나오는
바늘땀이에요. 튼튼하게 꿰맬 때 좋아요.

채움땀

(새틴 스티치)

한 땀 한 땀 뜨면서 면을 채울 때 쓰는
바느질이에요.

매듭땀

(프렌치 노트 스티치)

천 밑에서 위로 뺀 뒤 바늘에
실을 두서너 번 감아 들어온 자리
바로 옆으로 빼는 바느질이에요.
바늘에 감는 횟수에 따라 땀이
커진답니다.

속닥속닥

- 60수 아사, 두겹거즈 천들도 손수건 만들기에 좋아요.
  그러나 성기게 짜여 있어 바늘땀을 넣어 꾸밀 때 얄궂답니다.

- 30수, 40수, 60수…… 숫자가 커질수록 짜임이 촘촘하고 곱다는 뜻이에요. 반대로 낮을수록 성기겠죠.

- 면을 채울 때 쓰는 바늘땀을 '새틴 스티치(satin stitch)'라고 부르고 씨앗처럼 동그란 땀을 만들 때 쓰는 바
  늘땀을 '프렌치 노트 스티치(french knot stitch)'라고 부른답니다. '홈질', '박음질', '감침질'처럼 우리말 예
  쁜 이름을 붙여 볼까요? 채움땀, 씨앗땀, 매듭땀……

느리게
한 땀 두 땀

빛깔 고르고
바늘땀 더하는 재미

손꽃 핀다.

토시

그림 그릴 때 먹을거리 함께 만들 때
토시를 낀 아이들 앙증맞은 팔은 참 귀여워요.
홈질로 뚝딱, 엄마표 토시를 만들어요.

토시를 끼면 아이들이 그림을 그리거나 먹을거리를 함께 만들며 놀 때
물감이나 찰흙, 밀가루와 기름이 소매에 묻지 않게 해줘요.
홈질만으로 가볍게 뚝딱 만들 수 있는 토시, 쉽게 만들어 두고두고 써요.
하나 더 크게 만들어서 아이랑 짝꿍처럼 써도 좋아요.

40수 면 가로 34 × 세로 32cm 2장,
5.5mm 고무줄 20cm 4줄, 10mm 단추 8개

1 천 한 장을 겉끼리 마주 보게 반으로 접고 옆선을 홈질하여 붙인
다. 시접 1cm.

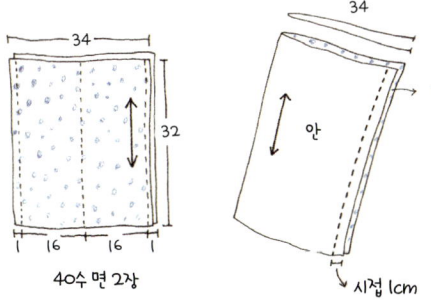

2 시접을 손톱으로 문지르거나 다
림질해 가름솔한다.

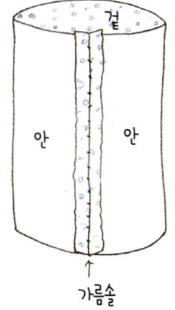

3 윗단, 아랫단 모두 0.5cm 접고
1.5cm 한 번 더 접는다.

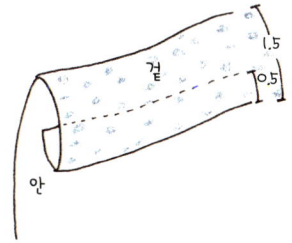

4 고무줄을 낄 창구멍 1.5cm를
남기고 빙 둘러 홈질한다. 윗단,
아랫단도 똑같이 꿰맨다.

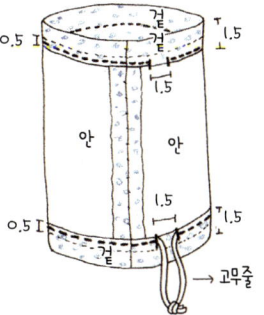

5 옷핀으로 고무줄을 끼워
넣는다. (옷핀 꼬리에 묶거
나 옷핀 바늘로 고무줄을
한 땀 떠서 넣으세요.)

6 뒤집어서 소매 끝에 단추
를 달고 바늘땀을 넣어 꾸
민다.

7 나머지 한 쪽도 똑같은 방
법으로 만든다.

[단추 꿰맬 때 여러 가지 바늘땀 모양]

속닥속닥

- 바느질한 시접을 양쪽으로 펼쳐 갈라 붙인 솔기를 '가름솔'이라고 해요.
- 도톰한 천으로 만들면 겨울에 발 토시로 쓸 수도 있어요.

마스크

찬바람 불면 아이들 고뿔 걸릴까 마음이 쓰여요.
별 탈 없이 무럭무럭 자라주길 바라는
엄마 마음 담아 마스크로 만들어 볼까요?

계절이 바뀌면 여기도 콜록 저기도 콜록, 가장 먼저 아이들이 걱정돼요.
마스크는 요럴 때 아이들을 지켜주는 첫 번째 방패. 아플 때만 쓰는구나 싶게 만든 하얀 마스크 말고
아기자기하게 만들어서 아이들이 놀면서도 쓸 수 있는 마스크로 만들어 보세요. 재미난 가면처럼 말이에요.

11수 마 앞판과 뒤판 48 × 15cm 1장, **자투리 천** 앞판 꾸밈 6 × 4cm 1장
4온스 접착퀼팅솜 20 × 12cm 1장, 마스크곤 20cm 2줄
마스크 시접본, 마스크 접착솜본, 마스크 사랑코본

1 시접본을 대고 두 장 뜨고 옆으로 뒤
집어 두 장 뜬다. (앞판과 뒤판 오른
쪽, 왼쪽 한 장씩 모두 넉 장)

2 접착솜본을 대고 접착솜을 1과 같은
방법으로 오른쪽, 왼쪽 한 장씩 뜬다.

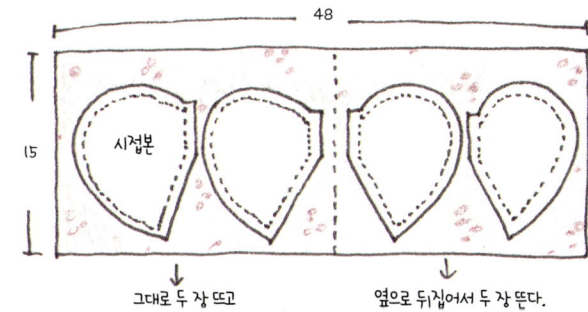

3 앞판 오른쪽과 왼쪽에 접착솜을 누르듯이 다림질해 붙인다. 시
접 1cm. (접착솜 한쪽에는 반짝반짝 파라핀(촛농)이 발라져 있
어요. 붙이려는 천 안쪽에 파라핀이 있는 쪽을 맞대어 놓은 뒤
천 위에서 다림질해요. 보통 때처럼 밀듯이 다리지 말고 위에서
밑으로 누르듯이 다림질해 붙여야 해요. 천이 면일 때는 다림질
온도를 '면'에 맞추고 '마'일 때는 '마'에 맞추세요.)

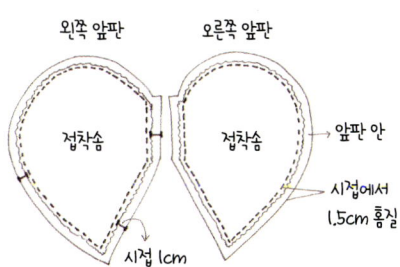

4 천과 접착솜이 잘 붙도록 시접 1.5cm 되는 곳을 홈질로 빙 둘러
박는다. (시접 1cm는 안으로 들어가기 때문에 0.5cm 나온 곳에
바느질을 합니다. 크기가 작아서 얼른 할 수 있어요. 천과 솜이
잘 붙을 수 있어 좋고 손바느질 재미도 살릴 수 있어 좋아요. 번
거로우면 건너뛰어도 돼요.)

5 앞판 오른쪽과 왼쪽을 겉끼리 마주보게 포개어 놓고 가운데를
홈질하여 붙인다.

6 뒤판 오른쪽과 왼쪽도 같은 방법으로 붙인다.

7 자투리 천에 사랑코본을 대고 한 장 뜬다.

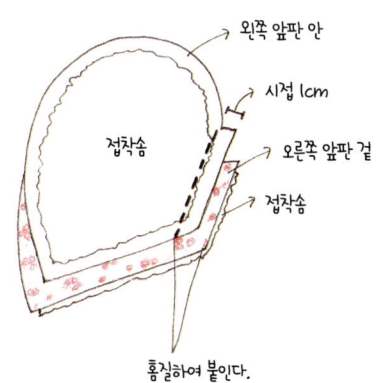

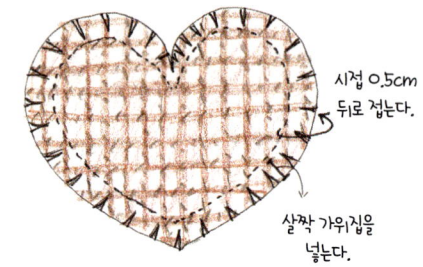

8 빙 둘러 살짝살짝 가위집을 넣고 시접을 0.5cm 접는다. (시접에서 모서리는 세모꼴로 잘라주고 둥근 시접은 0.5cm로 살짝 가위집을 넣어 주세요. 그래야 뒤집었을 때 모양이 부드럽게 잡혀요. 너무 크게 자르거나 깊게 가위집을 넣으면 바늘땀이 뜯어질 수 있어요. 기억해 두세요.)

시접 0.5cm 뒤로 접는다.

살짝 가위질을 넣는다.

9 앞에서 만든 사랑코를 앞판에 얹어 시침핀으로 꽂아놓고 빙 둘러 감칠질해 붙인 다음 박음질로 수염처럼 꾸민다.

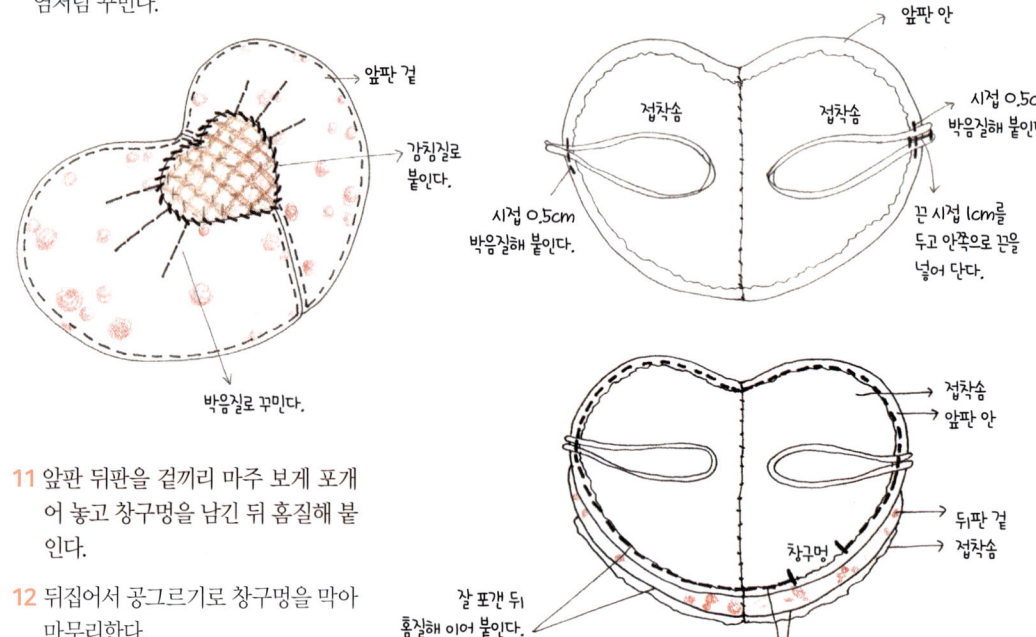

앞판 겉

감칠질로 붙인다.

박음질로 꾸민다.

10 앞판 뒤쪽에 양옆으로 마스크끈을 붙인다. (끈은 아이 얼굴에 맞게 잘라 두세요.)

앞판 안

접착솜   접착솜

시접 0.5cm 박음질해 붙인다.

시접 0.5cm 박음질해 붙인다.

끈 시접 1cm를 두고 안쪽으로 끈을 넣어 단다.

11 앞판 뒤판을 겉끼리 마주 보게 포개어 놓고 창구멍을 남긴 뒤 홈질해 붙인다.

12 뒤집어서 공그르기로 창구멍을 막아 마무리한다.

접착솜
앞판 안

뒤판 겉
접착솜

창구멍

잘 포갠 뒤 홈질해 이어 붙인다.
시접 1cm

시접 1cm

속닥속닥

• '마'는 '린넨(linen)'이라고 해요. 마를 섬세하고 가늘게 짜면 모시, 굵고 성기게 짜면 삼베라고 하죠. 소품 만들기에서는 100% 마보다 면과 함께 짜서 구김이 덜 가게 만든 면마가 널리 쓰인답니다.

• 퀼팅솜은 두께에 따라 2온스, 3온스, 4온스로 나뉘어요. 두꺼울수록 숫자도 커져요. 한 쪽에 파라핀이 발라져 있는 접착퀼팅솜은 다림질로 쉬 붙일 수 있어 쓰기에 편합니다.

• 둥근 시접에는 가위집을 넣고 곧은 시접은 모서리를 세모꼴로 잘라 줍니다. 이렇게 한 뒤 뒤집으면 모양이 한결 자연스럽게 잡혀요.

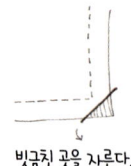

빗금친 곳을 자른다.

바느질한 뒤쪽,
그저 그대로 그림.

고깔

생일이나 크리스마스처럼 꼭 특별한 날이 아니어도
작은 소품 하나로 아이에게 빛나는 하루를 선물할 수 있어요.
방긋 웃는 아이를 생각하며 만드는 고깔! 하루가 반짝반짝.

종이로도 얼마든지 쉽게 만들 수 있지만 천으로 바느질해 만들면
천이 주는 따뜻함을 담을 수 있어 좋아요.
또 그만큼 오래오래 곁에 두고 쓸 수 있구요.
마끈을 달고 뒤집어서 창가에 걸어두면 작은 바구니처럼 쓸 수도 있어요.
마끈은 까끌까끌하니까 아이 고깔을 만들 때는 마스크끈이나 면끈을 써야 좋아요.

30수 면 두 가지, 겉감 30 × 18cm 1장씩 모두 2장(고깔 두 개 만들 때)
30수 면 두 가지, 안감 30 × 18cm 1장씩 모두 2장(고깔 두 개 만들 때)
접착심지 26 × 15cm 2장, 12mm 나무단추 2개, 6mm 단추 5개, 8mm 나무알 1개, 13mm 나무비즈 1개,
마스크끈 50cm 2줄, 마끈 50cm 2줄
고깔 시접본, 고깔 접착심지본

1 네 가지 천에 시접본을 대고 한
   장씩 뜨고 접착심지에 접착심지
   본을 대고 두 장을 뜬다.

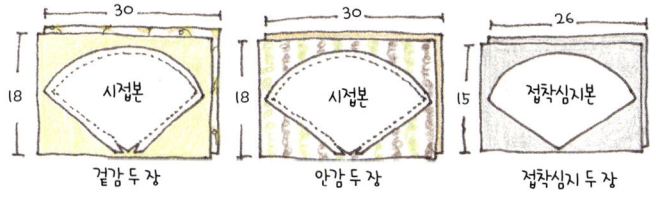

2 겉감 안에 접착심지를 누르듯이
   다림질해 붙인다. (파라핀이 발
   린 쪽을 천 안쪽과 마주 보게 놓
   는다.)

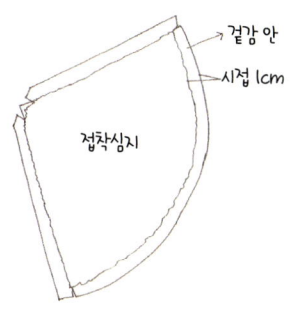

3 겉감 시접 겉끼리 마주 보게
   접어 홈질해 이어 붙인다. 가
   름솔 한다. (모서리부터 바느
   질해서 바깥쪽으로 나오면 바
   느질하기 쉬워요.)

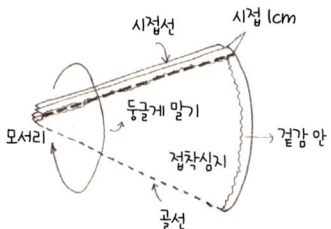

4 뒤집어서 밑단 시접을 1cm 접는다.

5 바늘땀을 넣어 꾸미고 단추(나무단추, 나무비즈, 나무알)를 단다.

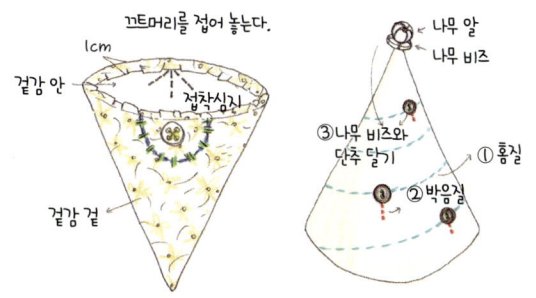

6 이어 붙인 시접선을 뒤쪽
  으로 놓고 양쪽에 끈을
  단다.

7 안감도 3, 4와 같이 바느질해 고깔로 만든다.

8 겉감 안쪽에 안감을 넣고 시접선을 맞춰 시침
  핀으로 꽂은 뒤 홈질로 이어 붙인다.

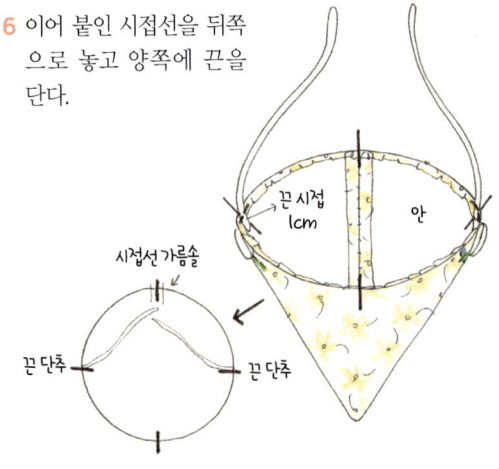

끈 시접
1cm

안

시접선 가름솔

끈 단추

끈 단추

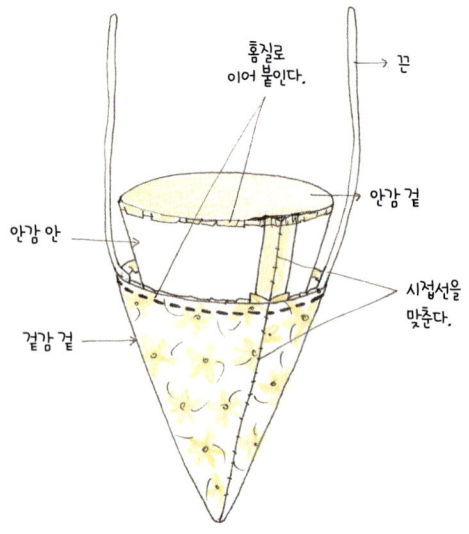

홈질로
이어 붙인다.

끈

안감 겉

안감 안

시접선을
맞춘다.

겉감 겉

속닥속닥

- 접착퀼팅솜과 마찬가지로 접착심지도 파라핀 발린 쪽이 천 안과 마주 보게 놓고 천 위에서 누르듯이 다림
  질해 붙여요. 밀듯이 다리면 접착심지가 옆으로 밀려요.

동대문 천 시장에 가면 가게들마다 빛깔대로 잘라
명함을 붙여 가져가라고 만든 작은 천들이 있어요.
'스와치'라고 하는데 업체들(침장, 의류, 그 밖에
천을 다루는 여러 회사들)이 가져가서 주문할 수 있도록
값과 제품번호, 만든 집 주소와 전화번호를 적어 놓았어요.
많이 주문하는 업체들 가져가라고 만들었으니
한 마, 두 마 사서 쓰는 사람들이 가면 한 눈에 알아보고
못 가져가게도 하지만 발품을 많이 팔면 꽤 모을 수가 있어요.
이렇게 가져온 천들은 작은 대로 알뜰하게 쓰인답니다.

청바지 해진 무릎 덧대기

헤지고 구멍 난 청바지에
알콩달콩 이야기를 담아 주세요.
새로 산 바지처럼 짜잔-

아이들 내복이나 바지를 보면 꼭 잘 해지는 곳이 있어요.

팔꿈치나 무릎에 구멍 좀 났다고 버리지는 못하고 그냥 입히자니 미안해요.

이럴 때 자투리 천으로 알콩달콩 꾸며 보세요.

만드는 재미도 느낄 수 있고 따뜻한 손품이 들어간 만큼 새로이 오래오래 입을 수 있어요.

여러 가지 자투리 천

[겉에서 덧대기_하나]

1 바지 앞뒤로 무슨 장식이 있는지 살펴보고 어울리는 자투리 천들을 고른다. (바지를 살펴보면 글씨나 단추, 허리고무줄에서 꾸민 모양과 빛깔을 찾을 수 있어요. 그 모양과 빛깔을 살려 꾸미면 더욱 자연스럽답니다.)

2 해진 무릎 크기에 맞게 자투리 천을 시접 1cm를 더해 자른다.

3 시접을 안쪽으로 접는다.

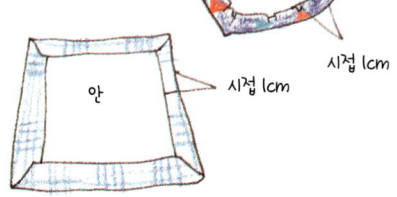

4 움직이지 않게 시침핀으로 꽂은 뒤 네모난 천을 먼저 홈질해 꿰맨다. (바지통 사이로 두꺼운 종이를 넣어두고 꿰매면 좋아요. 밑에 있는 천까지 한꺼번에 뜨지 않게 도와준답니다.)

5 네모난 천 위에 사랑 모양 천을 올려서 감침질 한다.

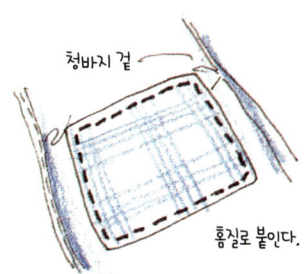

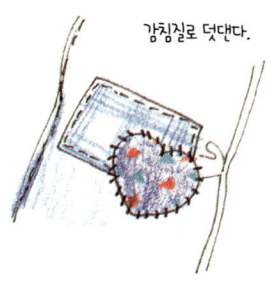

[겉에서 덧대기_둘]

1 바지에 어울리는 자투리 천들을 고른다.

2 해진 무릎 크기에 맞게 자투리 천을 시접 1cm를 더해 자른다.

3 시접을 안쪽으로 접는다.

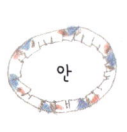 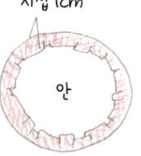

시접 1cm

안 안

5 큰 동그라미 위에 작은 동그라미를 올려 감침질 한다.

4 움직이지 않게 시침핀 으로 꽂은 뒤 큰 동그라미를 먼저 박음질로 붙인다.

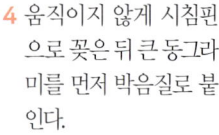 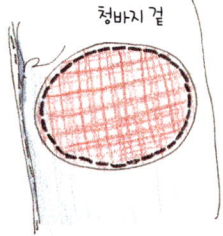

청바지 겉

박음질로 붙인다.

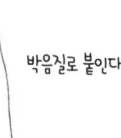 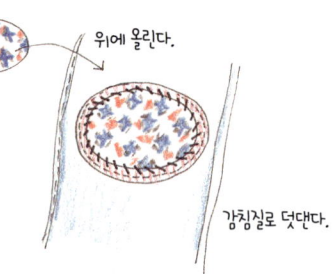

위에 올린다.

감침질로 덧댄다.

[안에서 덧대기]

1 해진 무릎 크기에 맞게 자투리 천을 자른다.

2 끄트머리는 감침질해 마무리한다.

3 바지를 뒤집어 구멍 난 자리에 자투리 천 안을 위로 놓고 홈질한다.

끄트머리를 감침질한다.

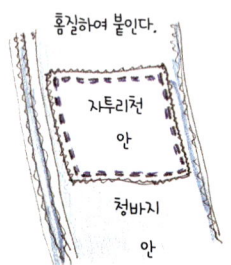

홈질하여 붙인다.

자투리천

안

청바지

안

4 뒤집어서 구멍 난 옆을 한 번 더 꿰맨다. (벌어지지 않게 하면서 자연스레 앞쪽을 꾸며준답니다.)

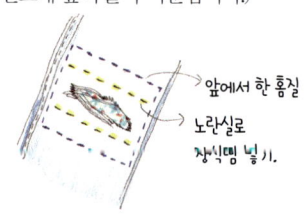

앞에서 한 홈질

노란실로 장식땀 넣기.

속닥속닥

- 천 위에 여러 가지 모양으로 천을 덧대어 붙이는 바느질을 '아플리케(appliqué)'라고 해요.
- 내복은 퀼팅솜을 덧대어서 폭신하게 만들어도 좋아요.

무릎 덧댄 이야기

봄에 조카가 놀러 와서 놀다가 덥다고 바지를 벗었어요. 개구쟁이라서 내복바지에 구멍이 두 개 났네요. 그래서 자투리 천으로 퀼팅솜을 덧대 꿰매주었더니 집에 돌아가서 엄마에게 자랑을 했대 요. 두 살배기 둘째 키우느라 정신없이 힘든 올케 대신 조카 바지를 꿰매준 일이 저에게도 좋은 기 억으로 남네요.

 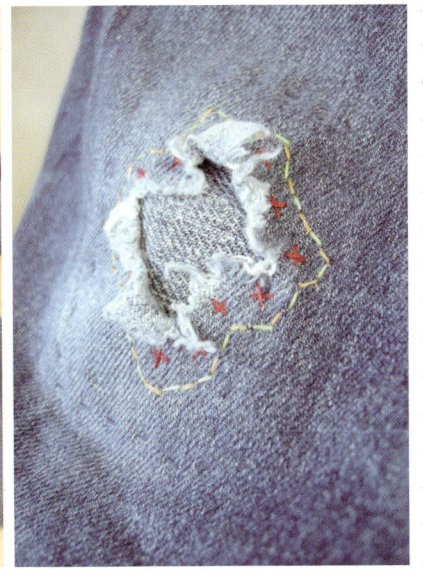

지난해 시골학교에 있을 때도 아이들 바지를 곧잘 덧대었어요. 한 겨울 빨간 내복 위로 청바지를 입은 한 아이를 보고 한 선생님이 "그거 무늬가?" 하셨어요. 그 말에 모두 하하하~ 청 자투리를 밑으로 덧대고 위쪽으로는 해진 올을 그대로 살려 수를 놓았더니 꽃 한 송이 곱게 피었답니다.

사진 찍는 사람들한테는 '장비병'이란 게 있다. 사진 찍는 일보다 장비에 더 관심이 많고 그걸 갖추는 데 힘을 쏟는 데서 생겨난 말이랄까.

얼마 앞서 아는 분이 내가 가져간 반짇고리를 보더니 "선생님도 이런 실 쓰세요?" 하며 물었다. "네, 천냥 가게에서 파는 천 원짜리 실 아주 좋던데요. 얼마든지 곱게 바느질할 수 있어요." 했더니 짐짓 놀라셨나 보다.

장식 바늘땀을 넣을 때 반짝반짝 빛이 나는 퀼트실을 쓰긴 한다. 그렇지만 그 실들은 동대문에서 마침 떨이로 파는 집에서 하나에 500원씩 주고 산 실들이다. 아마 천 원이 넘으면 안 샀을 테지만 퍽 에누리한 값으로 팔아서 두어 번 가서 빛깔을 갖춰 놓았다. 바느질할 때 쓰는 실은 거의 폴리에스테르로 된 실인데 도드라지게 나타내려고 할 때는 조금 빛이 나는 실이 예쁘긴 하다.

수업 준비하면서 재료 살 때는 되도록이면 무턱 대고 비싸거나 폼 잡는 재료들은 사지 않는다. 중요한 건 재료라기보다 얼마나 할 마음이 있는지(하고 싶은 마음)와 '기본'이니까.

요즘 천냥가게에서 쉽게 만나 볼 수 있는 바느질 재료들이 값에 견줘 퍽 쓸 만하다는 생각을 한다. 빛깔실은 슬쩍 빛을 머금고 있어서 장식땀을 넣을 때 좋고 빛깔 흐름도 이만하면 잘 갖추었다고 느낀다.

실뿐인가, 가위며 바늘이며 자며 연필이며 굳이 전문가용이라 불리는 비싼 제품을 써야 하나 싶다. 가위는 재단 가위라고 불리는 비싼 잠자리 가위가 아니더라도 천 원짜리 가위를 써도 얼마든지 잘 자를 수 있다.

문제는 가위 값(질)이라기보다 얼마나 가위관리를 잘하느냐인데 천을 자르려고 가위를 샀다면 종이를 자르거나 다른 재료를 자르면 안 된다. 그러니까 천원 가게에서 샀든 문방구에서 샀든 천 자르는 가위는 천만 자르면 오래 잘 쓸 수 있다는 소리다.

내가 처음 창작소품 somh을 만들 때 썼던 가위는 천원 가게에서 산 천 원짜리 빨간 가위였다. 참말 한참을 썼다. 그 가위를 쓰면서 가끔 웃긴 했다. 고기 잘라야 하지 않나 싶어. 그러다가 언니가 문방구에서 파는 조금 값나 보이는 가위를 줘서 또 한참 썼다. 이것도 재단 전문 가위는 아니지만 아주 잘 잘렸다. 작업한지 다섯 해쯤에 문방구 가위 날이 무디어질 무렵 잠자리 가위를 샀다.

밑그림을 그릴 때 쓰는 연필과 자도 그냥 집에서 쓰던 거. 자는 모눈 표시가 되어 있으면 좋다. 문방구에서 파는 30cm짜리 자와 50cm 자로도 불편하지 않게 쓸 수 있다. 전문 도구 가운데 얇은 플라스틱으로 되어 잘 구부러지고 가벼운 60cm 모눈자가 있는데 이건 꽤 쓸 만해서 하나쯤 장만하면 어떨까 싶다.

그리고 연필도, 시간 지나거나 빨면 지워지는 전문펜을 굳이 써야 하는지…. 천이 밝은 빛이면 집에서 쓰던 아무 연필로 쓰면 되고 어두운 빛일 때는 잘 안 보일 수 있으니 초크펜 하나 쯤 있으면 알맞지 않을까. 초크펜은 세모꼴 초크를 연필로 만든 건데 한쪽은 분홍, 한쪽은 하양, 아니면 노랑+하양, 파랑+하양처럼 양쪽으로 쓰게 되어 있다. 값은 천 원 한다. 연필 깎듯 깎아 쓰는 재미도 있다.

그러니까 하고 싶은 말은, 바느질을 하려고 마음을 먹었을 때, 바느질 하는 일보다 그에 앞서 마련해야 하는 '장비'들에 기운을 쏟지 말라는 소리다. 바느질 하는데 뭐 그리 갖출 게 많은가. 필요하면 하다가 하나씩 갖춰도 재밌을 텐데. 마음이 먼저지. 쉬이 즐겁게 하자. 안 갖춰도 된다. 중요한 건 '하는' 거다.

자투리 천으로 만든 공

오각형 열두 개가 모이면 둥글둥글 예쁜 공 하나.
자투리 천으로 만든 알록달록한 공을
아이에게 건네 보세요.

뎅그르르 구르는 공은 집안에서나 바깥에서나 아이들에게 좋은 장난감이에요.
자투리 천으로 자른 오각형 열두 개로 재미난 공을 만들 수 있답니다.
맞아도 다칠 일 없고 던져도 깨질 일 없어서 즐겁게 가지고 놀 수 있어요.
뚝딱뚝딱 어렵지 않게 만들 수 있어요.

자투리 천 열 두 가지(한 변이 4.5cm인 오각형이라 적어도 가로 9 × 세로 9cm 되는 천)
자투리 천 공 시접본, 자투리 천 공 완성본

1 열두 가지 천에 시접본(한 변이 5cm인 오각형)을 대고 하나씩 떠서 자른다.

시접본을 따라 자른다.

2 완성본(한 변이 4.5cm인 오각형)을 잘라 놓은 천 안쪽 가운데에 놓고 손톱으로 문질러 시접을 0.5cm씩 접는다.

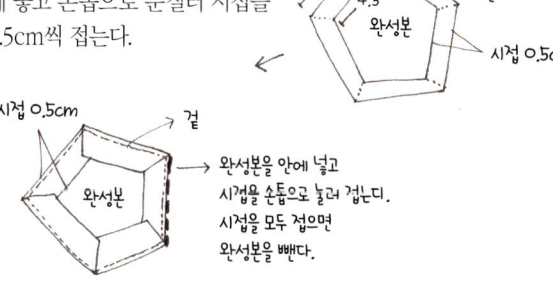

시접 0.5cm

완성본을 안에 넣고 시접을 손톱으로 눌러 접는다. 시접을 모두 접으면 완성본을 뺀다.

3 여섯 개씩 두 모둠을 꽃모양으로 펼쳐 놓는다. (가운데 들어가는 천은 도드라지는 빛깔로 하면 좋아요. 공 맨 윗면과 바닥이 됩니다.)

4 가운데 천 하나에 '신나게 놀자'를 바늘땀으로 새겨 넣는다. (아이에게 해주고 싶은 말을 넣으면 좋아요.)

5 가운데 천에 바깥쪽 천 한쪽 시접을 포개어 맞추고 촘촘히 홈질하여 붙인다.

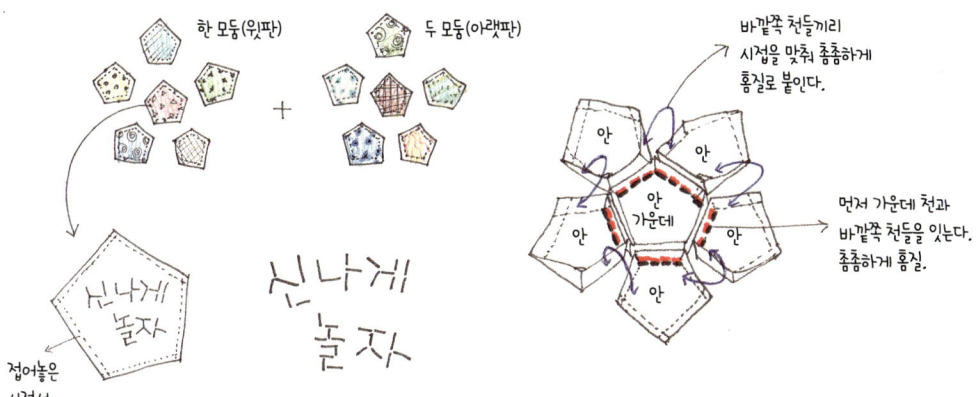

한 모둠(윗판)   두 모둠(아랫판)

신나게 놀자

접어놓은 시접선

바깥쪽 천들끼리 시접을 맞춰 촘촘하게 홈질로 붙인다.

먼저 가운데 천과 바깥쪽 천들을 잇는다. 촘촘하게 홈질.

6 바깥쪽 천들도 5와 같이 붙여
　　오목한 그릇 모양으로 만든다.

7 나머지 한 모둠도 똑같은 방법
　　으로 만든다.

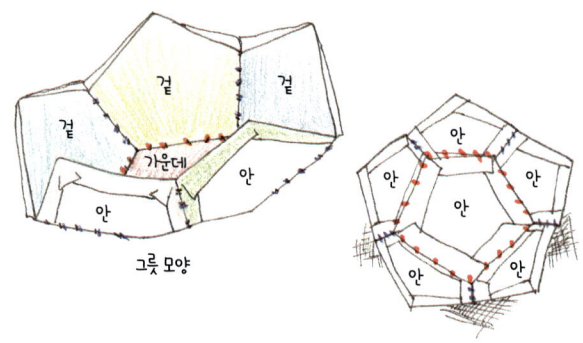

그릇 모양

8 위에서 만든 그릇 모양 두 개를 아래위로 포갠다. 풀빛
　　점선대로 아랫판 오목한 모서리에 윗판 볼록한 곳을
　　맞추어 포갠 다음 시침핀으로 꽂는다.

9 한쪽에 창구멍을 남기고 보랏빛 점선대로 맞닿은 곳을
　　모두 촘촘히 홈질하여 붙인다.

10 뒤집어서 구름솜을 빵빵하게 넣은 뒤 창구멍을 감침
　　　질해 마무리한다.

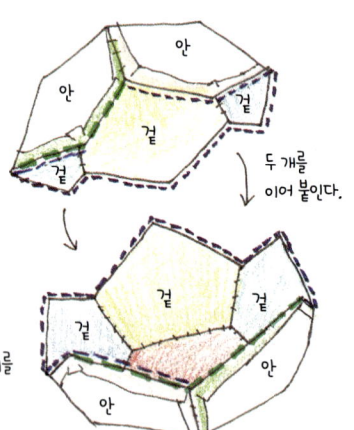

두 개를
이어 붙인다.

· 풀빛 점선대로 윗판 볼록한 곳을 아랫판
　오목한 곳에 맞춰 포갠다.
· 보랏빛 점선대로 촘촘히 홈질하여 아래위를
　붙인다. 창구멍을 남기고 바느질한다.

속닥속닥

· 정오각형을 이루는 한 각은 108°입니다.
· 축구공은 정오각형 12개와 정육각형 20개로 이루어져 있어요.

나무에 못을 박아 뚝딱뚝딱 만든 실패꽂이와 토리꽂이,
명절 지나고 주워온 곶감 상자에 넣은 빛깔실들.

물통주머니

나들이에 물은 꼭 챙기잖아요.
손에 들고 다니려면 귀찮을까 싶고
물병 하나 때문에 가방 주려니 그렇고.
요럴 때 물통주머니가 안성맞춤이에요.

아이들 물통주머니라 아기자기 재미있게 만들고 싶어서 서커스단 천막 분위기로 만들어 봤어요.
구멍 나고 찢어져서 못 쓰는 은박 돗자리를 안쪽에 살려 쓰고
천 시장 갈 때마다 가져온 자투리 천들로 겉을 꾸몄어요.

20수 줄무늬 마 겉감 몸판 27 × 18cm 1장, 바닥판 겉감 지름 10cm 동그라미 1장
돗자리 은박지 안감 몸판 27 × 16cm 1장, 바닥판 안감 지름 8cm 동그라미 1장
자투리 천 몸판 장식 7 × 5cm 6장
30수 줄무늬 면 조리개판 27 × 14cm 1장
광목 끈 4.5 × 105cm 1장, 고리 3 × 8cm 1장
5mm 두줄꽈배기 면끈 24cm 1줄
물통주머니 바닥판 시접본, 물통주머니 은박지본, 물통주머니 장식 시접본, 물통주머니 장식 완성본

[몸판 안감 만들기]

1 은박지로 안감 몸판과 바닥판을 자른다. 바닥판은 은박지본을 대고 뜬다.

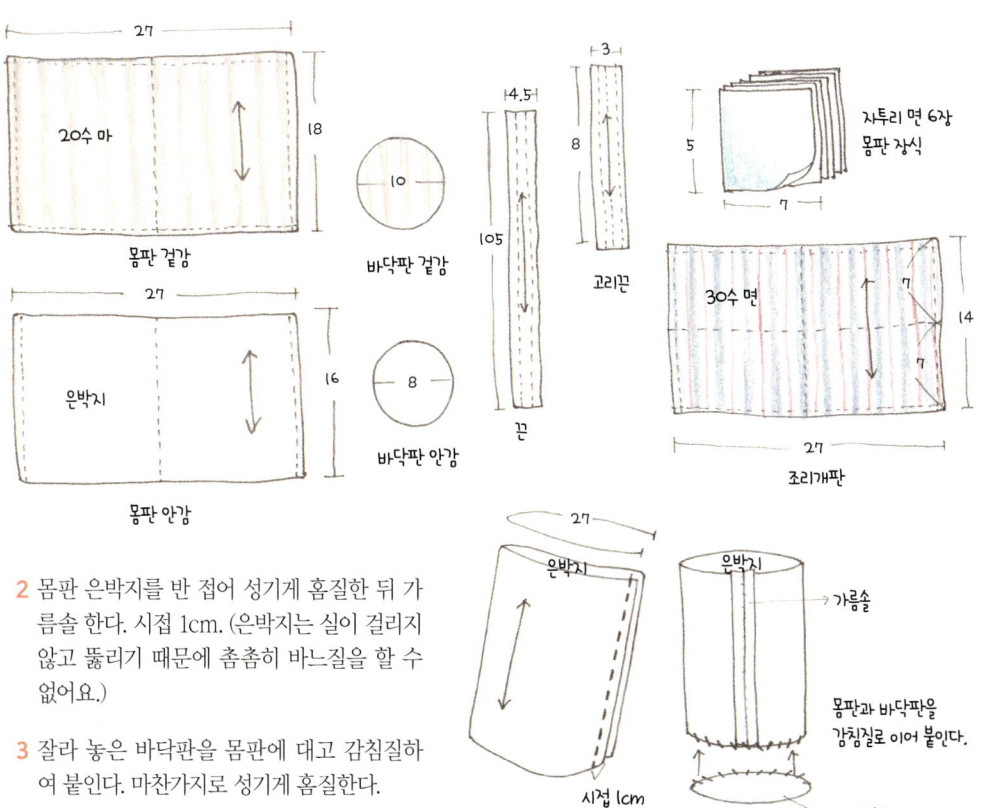

2 몸판 은박지를 반 접어 성기게 홈질한 뒤 가름솔 한다. 시접 1cm. (은박지는 실이 걸리지 않고 뚫리기 때문에 촘촘히 바느질을 할 수 없어요.)

3 잘라 놓은 바닥판을 몸판에 대고 감침질하여 붙인다. 마찬가지로 성기게 홈질한다.

[끈 만들기]

1 천 한 쪽 끝에서 세로로(식서쪽) 천을 길게 자른다. (끈을 만들 때 끄트머리에서부터 천을 자르면 한 쪽에 올 풀림이 없어서 좋답니다. 끈은 먼저 아이 몸에 맞게 줄자로 잰 뒤 자르세요.)

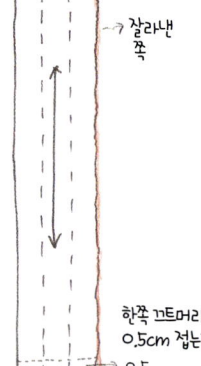

잘라낸 쪽

한쪽 끄트머리를 0.5cm 접는다.

0.5

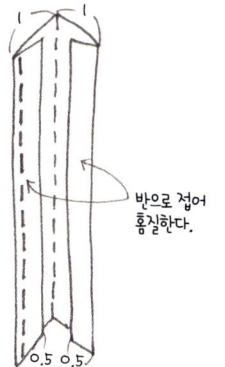

반으로 접어 홈질한다.

0.5 0.5

2 올 풀림이 있는 한 쪽을 안쪽으로 넣고 1.5cm씩 세 번 접은 뒤 홈질로 양옆을 빙 둘러 꿰맨다. 한쪽 끄트머리는 안으로 시접 0.5cm 넣어 접은 다음 홈질한다.

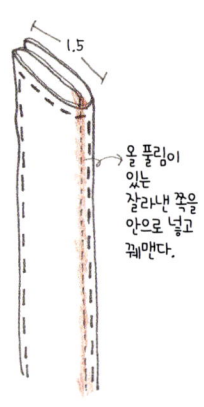

1.5

올 풀림이 있는 잘라낸 쪽을 안으로 넣고 꿰맨다.

[고리끈 만들기]

1 세로로 길게 천을 자른 다음 양끝을 0.5cm씩 접고 또 1cm 접는다.

2 한쪽을 홈질하여 꿰맨다.

[조리개판 만들기]

1 조리개판을 자른 뒤(39쪽을 보세요.) 겉끼리 마주 보게 옆으로 반 접어 홈질해 꿰매다가 가운데 3cm 건너뛰고 다시 홈질한다. 3cm 앞뒤로 두 땀은 박음질한다. (끈이 들어갈 자리라 끄트머리는 박음질로 튼튼하게 꿰매야 좋아요.)

2 시접을 가름솔 한 뒤 끄트머리에서 0.3cm 앞을 홈질한다.

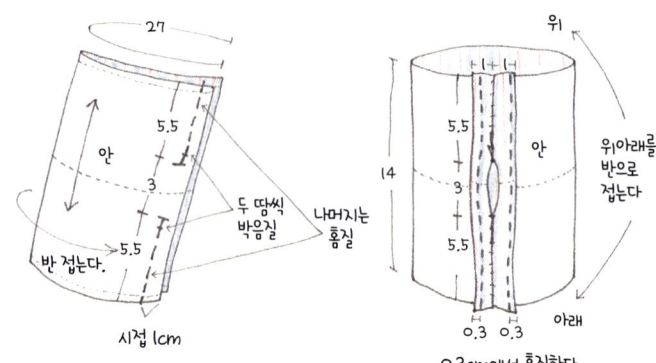

27

안

5.5

3

5.5

반 접는다.

두 땀씩 박음질

나머지는 홈질

시접 1cm

위

5.5

3

안

5.5

위아래를 반으로 접는다

14

0.3 0.3

아래

0.3cm에서 홈질한다.

3 아래위를 반으로 접고 윗단 1.5cm 밑에서 홈질한다.

4 옷핀으로 꽈배기 면끈을 넣고 끄트머리를 묶는다.

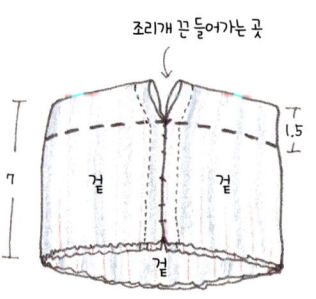

조리개 끈 들어가는 곳

1.5

7

겉

겉

겉

[장식 만들기]

1 자투리 천에 장식 시접본(너비 6.2cm)을 대고 여섯 장 뜬다.

2 잘라 놓은 천 위에 장식완성본(너비 4.1cm)을 대고 손톱으로 문질러 시접을 0.7cm 접는다. (35쪽 만들기 글 2를 보세요.)

3 몸판 겉감을 자른 뒤(39쪽을 보세요.) 겉감 겉 위에 양쪽 끝을 1cm씩 남기고 하나씩 시침핀으로 꽂는다.

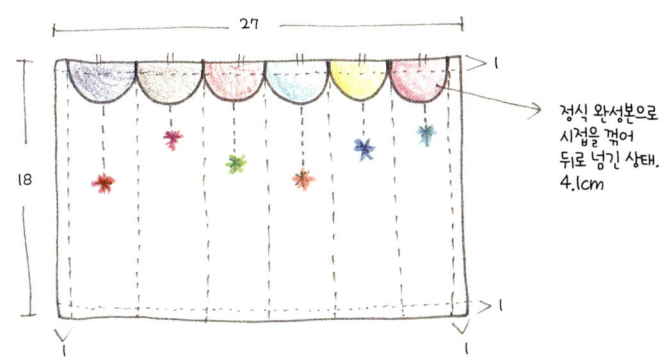

정식 완성본으로 시접을 꺾어 뒤로 넘긴 상태. 4.1cm

4 빛깔실로 박음질해 붙인다. (서로 멀리 있는 빛깔을 쓰면 빛깔 어울림 재미를 누릴 수 있어요.)

5 가운데를 맞춰 밑으로 별모양 바늘땀을 넣어 꾸민다.

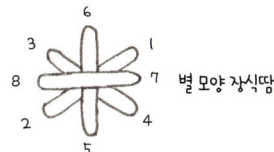

별 모양 장식땀

[몸판 겉감 만들기]

1 위에서 만든 몸판을 겉끼리 마주 보게 옆으로 반 접어 홈질한다. 시접 1cm.

2 가름솔 한 뒤 반 접어 연필로 가운데를 긋고 다시 반 접어 긋는다. (선으로 그어두면 바닥판 붙일 때 맞추기 쉬워요.)

3 바닥판 시접본을 대고 바닥판 겉감을 자른 뒤 몸판처럼 선을 긋고 시접 둘레에 가위집을 넣는다.

4 몸판과 바닥판을 겉끼리 마주 보게 놓고 그어둔 선을 잘 맞추어 시침핀으로 꽂은 뒤 촘촘히 홈질해 이어 붙인다.

5 윗단을 1cm 접어 홈질한다.

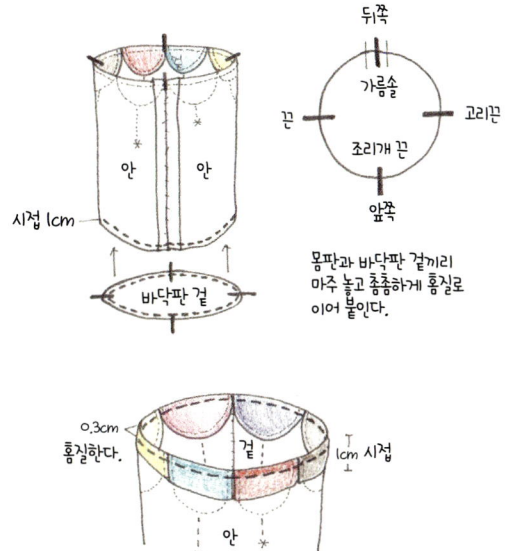

뒤쪽
가름솔
끈 — 고리끈
조리개 끈
앞쪽

시접 1cm
안   안
바닥판 겉

몸판과 바닥판 겉끼리 마주 놓고 촘촘하게 홈질로 이어 붙인다.

0.3cm 홈질한다.
겉
1cm 시접
안

[모두 이어 붙이기]

1 조리개판으로 몸판 안감을 1cm 감싼 뒤 0.7cm 밑을 홈질하여 붙인다. (이때 조리개끈 이음매와 안감 가름솔은 서로 반대쪽에 놓는다.)

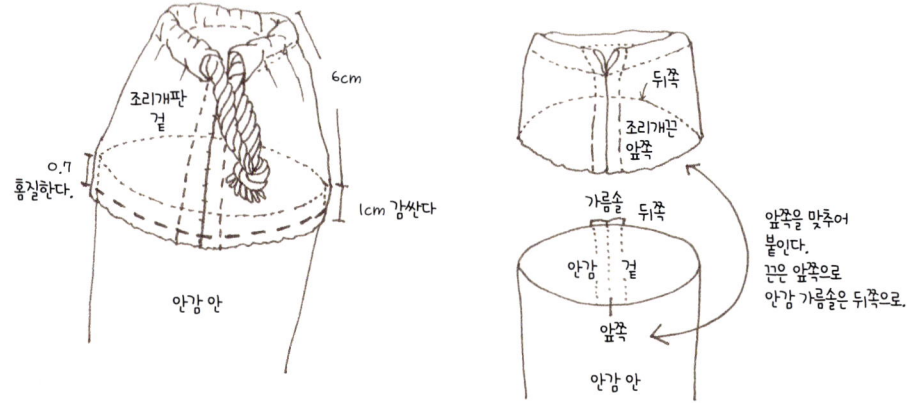

2 겉감 안에 앞에서 만든 끈을 시접 2cm 넣어 박음질해 붙인다.

3 고리끈도 겉감 안쪽으로 시접 1cm 넣고 박음질해 붙인다.

4 조리개끈을 앞쪽으로 놓고 은박지 안감을 겉감 안에 넣어 길이를 잘 맞춘 뒤 홈질해 이어 붙인다.

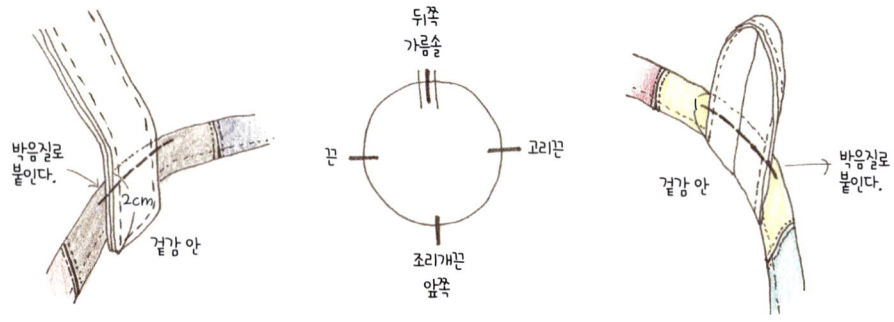

속닥속닥

- 천을 이어 붙인 이음매 때문에 조리개끈을 뒤쪽이나 옆으로 뺄까 고민하다가 어깨에 맨 채로 물통을 꺼내 보니 끈이 앞에 있을 때 열고 조이기 가장 쉬워서 앞쪽으로 뺐어요.
- 긴 끈을 만들 때는 식서(씨실 쪽, 세로)에 맞춰 잘라 만들어요. 푸서(날실 쪽, 가로)로 자르면 천이 옆으로 늘어나서 길이가 달라져요.

새해맞이 카드 만들기.
코바늘로 동그란 무늬를 뜬 뒤 빨간 실로 꿰맨다.
아래쪽에 하고 싶은 말을 바늘땀으로 넣는다.
오롯한 마음으로.

아코디언주머니 가방

짜잔~
요만한 가방이 이~만큼 늘어나요.
주머니가 세 개나 있는 아코디언 가방이에요.

아이들이 들고 다닐만한 재미난 가방을 생각하다가 만들었어요.
늘었다가 줄었다가 요술주머니처럼 바뀌는 아코디언주머니.
손으로 가벼이 들어도 좋고 끈을 함께 만들어 허리에 둘러도 좋아요.
끈은 따로 둘러 예쁜 허리띠로 쓸 수도 있어요.

11수 마 겉감 몸판 38 × 32cm 1장, 칸막이 16 × 24cm 1장, 손잡이 13 × 6cm 1장, 고리 5 × 13cm 2장
30수 면 안감 몸판 38 × 32cm 1장, 칸막이 16 × 24cm 1장
4온스 접착퀼팅솜 몸판 36 × 30cm 1장, 칸막이 14 × 22cm 1장, 손잡이 11 × 2cm 1장, 고리 3 × 5cm 2장
13mm 나무비즈 1개, 14mm 똑딱단추 1개
아코디언주머니 가방 시접본, 아코디언주머니 가방 접착솜본

[손잡이 만들기]

1 손잡이로 쓸 겉감과 접착솜을 자른다.

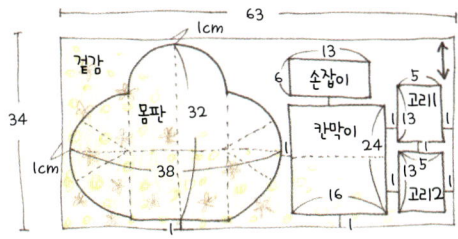
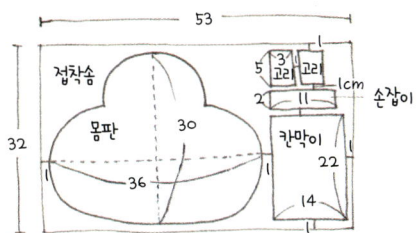

2 겉감 안에 접착솜을 붙인 다음 위아래 시접을 0.5cm, 1.5cm 안으로 접어 넣고 반 접어 홈질한다.

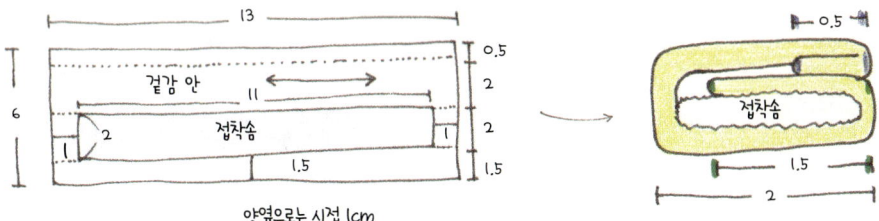

[고리 만들기]

1 고리로 쓸 겉감 두 장과 접착솜 두 장을 자른다.

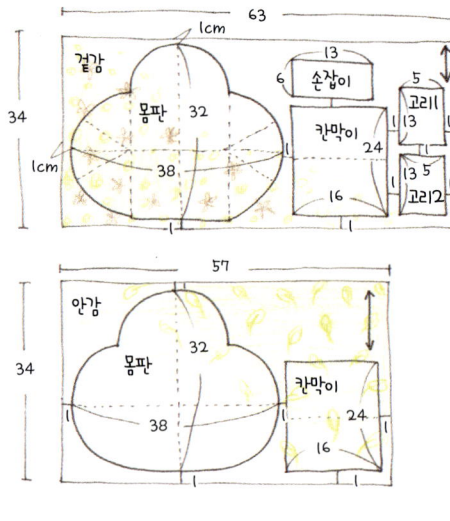

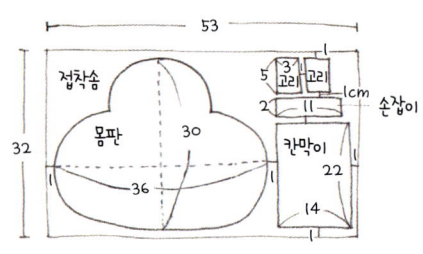

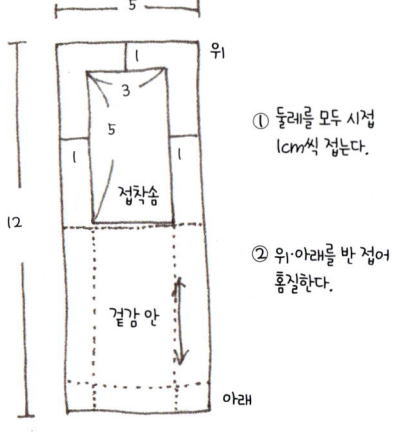

① 둘레를 모두 시접 1cm씩 접는다.

② 위·아래를 반 접어 홈질한다.

2 겉감 안에 접착솜을 붙이고 시접 1cm씩 모두 안쪽으로 접어 넣고 반 접어 홈질한다. 나머지 한 장도 똑같이 만든다.

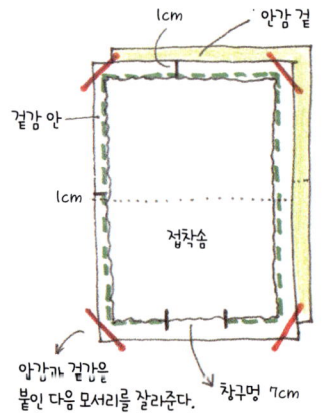

[칸막이 만들기]

1 위에 있는 그림처럼 칸막이로 쓸 겉감과 안감, 접착솜을 자른다.

2 겉감 안에 접착솜을 누르듯이 다림질해 붙인다. 시접 1cm.

3 겉감과 안감을 겉끼리 마주 놓고 포갠 뒤 창구멍으로 7cm 빼고 홈질한다.

4 뒤집어서 창구멍 시접을 안으로 잘 접어 넣은 뒤 빙 둘러 홈질하고 가운데에도 바늘땀을 넣는다. (둘레를 홈질하면서 창구멍도 자연스레 정리돼요.)

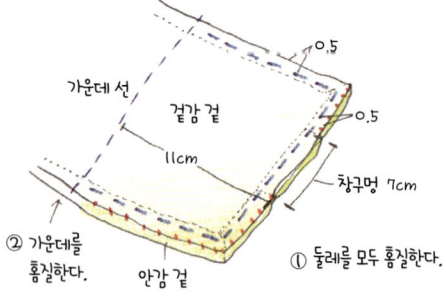

① 둘레를 모두 홈질한다.

② 가운데를 홈질한다.

[몸판 만들기]

1 왼쪽에 있는 그림처럼 겉감과 안 감, 접착솜을 한 장씩 자른다. 시접 본과 접착솜본을 대고 한쪽을 그 린 다음 골선에 맞춰 옆으로 뒤집 어서 나머지 한쪽을 그린다.

2 겉감 안에 접착솜을 누르듯이 다 림질해 붙인다. 시접 1cm.

3 겉감 위쪽을 바늘땀과 나무비즈 로 꾸민 뒤 아래쪽에 오목한 똑딱 단추를 단다.

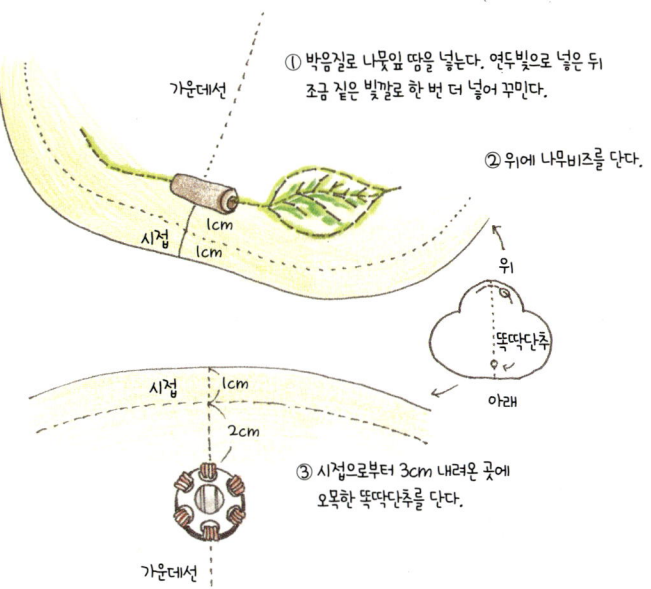

가운데선

시접 1cm
1cm

① 박음질로 나뭇잎 땀을 넣는다. 연두빛으로 넣은 뒤 조금 짙은 빛깔로 한 번 더 넣어 꾸민다.

② 위에 나무비즈를 단다.

위
똑딱단추
아래

시접 1cm
2cm

③ 시접으로부터 3cm 내려온 곳에 오목한 똑딱단추를 단다.

가운데선

똑딱단추 달기

·쉽게 달기

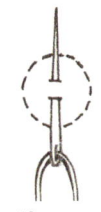
가운데에서 한 땀 뜬다.

가운데에 매듭

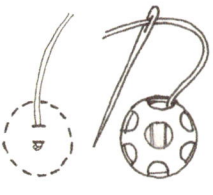
오목한 똑딱단추를 꿴다.

똑딱단추 밑으로 한 땀 떠서 나온다.

서너 번 되풀이한다.

한 땀 떠서 옆으로 옮겨간다.

다 되었으면 반대쪽으로 크게 한 땀 뜬 뒤 매듭을 지어 마무리한다.

·단춧구멍 바늘땀(버튼홀 스티치)으로 달기

가운데에서 한 땀 뜬다.

가운데에 매듭

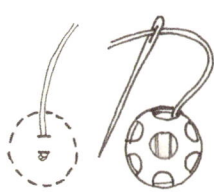
오목한 똑딱단추를 꿴다.

실을 돌려 동그라미를 하나 만든다.

실 위로 바늘 한 땀을 뜬다.

실을 당긴다.

옆으로 한 땀 떠서 옮긴다. 같은 방법으로 서너 번 되풀이한다.

끝을 낸 곳 반대쪽 으로 크게 한 땀 뜬 뒤 매듭지어 마무리한다.

사랑스러운 한 땀 **47**

4 겉감에 손잡이와 고리를 박음질해 붙인다.

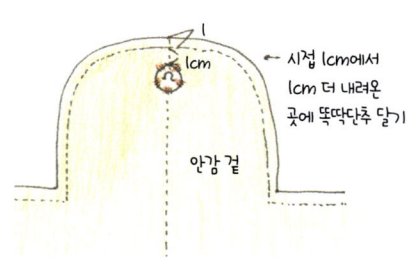

5 안감 위쪽에 볼록한 똑딱단추를 단다.

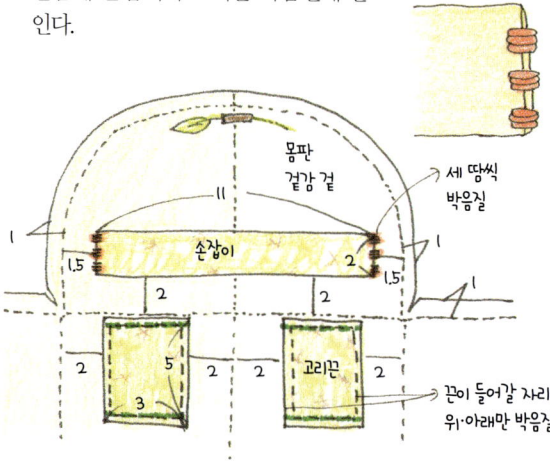

몸판
겉감 겉

세 땀씩
박음질

손잡이

고리끈

끈이 들어갈 자리,
위·아래만 박음질

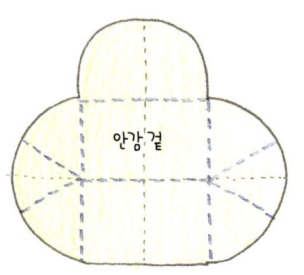

시접 1cm에서
1cm 더 내려온
곳에 똑딱단추 달기

1cm

안감 겉

6 겉감과 안감을 겉끼리 마주 보게 포갠 뒤 창구멍을 남기고 홈질해 붙인다. 둥근 시접은 가위집을 넣고 모서리는 세모꼴로 잘라준다.

7 뒤집어서 창구멍 시접을 안으로 잘 접어 넣고 빙 둘러서 홈질한다.

8 오른쪽 그림처럼 안감에 그어둔 선대로 홈질한다. (칸막이 붙이는 선이랍니다.)

안감 겉

[몸판과 칸막이 붙이기]

1 몸판과 칸막이를 가운데에 맞춰 홈질해 붙인다.

2 몸판 양옆 날개를 세워 칸막이를 넣고 감싼 뒤 위아래로 바늘땀을 넣어 튼튼하게 붙인다.

3 위쪽과 날개가 이어지는 곳도 똑같이 바늘땀을 넣는다.

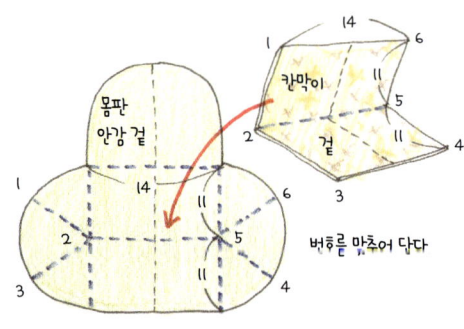

몸판
안감 겉

칸막이

겉

번호를 맞추어 달다

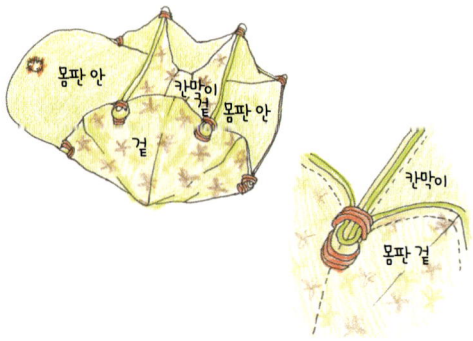

몸판 안

칸막이
겉

몸판 안

겉

칸막이

몸판 겉

[끈 만들기]

넓이 10mm 면 레이스 1.5m 1줄
세로로 길게 찢은 얇은 천 1.5m 1줄 (거즈나 60수 아사, 집에 있는 얇은 천 아무거나)
30수 면 120 × 3cm
13mm 나무비즈 5개

1 얇은 천을 세로로 길게 찢고 이어 붙여서 1.5m로 만든
  다. 두께는 1cm. 식서로 찢고 아래위에 가위집을 넣는
  다. 끄트머리는 1cm씩 남기고 이어서 찢는다.

2 30수 면을 잘라 0.75cm씩 두 번 접어 홈질해 꿰맨다.
  양쪽 끄트머리는 시접 0.5cm 넣어 꿰맨다.

3 2에서 만든 끈을 가운데 놓고 면 레이스와 찢은 천끈을
  사이사이 묶고 늘어뜨리면서 길이를 맞춘다. 들쭉날쭉
  하게 엮는다.

4 군데군데 나무비즈를 달아 꾸민다.

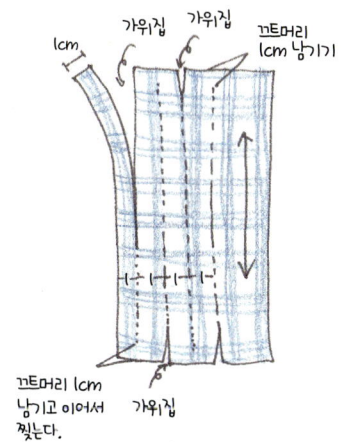

속닥속닥

- 단춧구멍 바늘땀으로 똑딱단추를 달면 어렵긴 해도 그만큼 튼튼하고 멋스럽게 달 수 있어요. 처음이 어렵
  지 자꾸 하다 보면 쉬워진답니다.

- 안 입는 옷은 찢어 천끈으로 만들어 두면 좋아요. 뜨개실로 쓸 수도 있고 소품 만들 때 살짝살짝 곁들여서
  재미나게 꾸밀 수도 있어요.

- 끝이 어딜까 싶은 길고 긴 만들기였죠?^^ 힘들었던 만큼 오래오래 남으리라 믿어요.

즐거운 한 땀

아이랑 함께 만들어요

아이들과 함께 그림을 그리고 이야기를 나누고 소품을 만들어 보세요.
그림과 만들기와 바느질이 하나로 이어진 놀이!
그림이 재미없던 아이도, 만들기가 귀찮았던 아이도 귀를 쫑긋할지 몰라요.
섬유물감으로 그린 그림이 그대로 아이가 쓸 가방이 되고
버리는 줄만 알았던 물건들이 예쁘게 새로 태어나요.

그림놀이 해요

걸이그림

모빌

조리개 주머니

손잡이 조리개 가방

둘레에서 얻어요

깃발장식줄

옷팔찌

나뭇가지 전등갓

세탁소 옷걸이 주머니

그림놀이 해요

함께 그림놀이 해요.

작은 종이에서 벗어나 널찍한 천에 큼지막하게 그려요.

손도장도 찍고 발도장도 찍어 볼까요.

감자로도 찍고 양파로도 무늬를 만들 수 있어요.

신나게 나눈 이야기를 소품으로 만들어요.

걸이그림

모빌

조리개 주머니

손잡이 조리개 가방

무엇으로

미리 빨아서 풀기를 없앤 면(광목) 두서너 마
섬유물감, 수채화 붓, 페인트 붓, 팔레트, 물통, 걸레
섬유크레용
지우개, 스펀지
감자, 고구마, 양파, 연근, 고추, 마늘 같은 열매
나뭇가지, 나뭇잎, 솔방울 같은 바깥에서 얻어온 자연재료

어떻게

① 도장으로 쓸 열매와 나뭇가지, 나뭇잎들은 아이와 함께 나들이하면서 마련해 주세요.

② 천을 넓게 펼쳐 놓고 가지고 온 재료들을 한 쪽에 놓습니다. 물감도구들도 함께 놓아요.

③ 아이랑 이야기를 나누면서 즐겁게 그리며 놀 수 있도록 만만한 분위기를 만들어 줍니다.

④ 이제 재료들을 어떻게 쓰는지 차근차근 알려 주세요.

　섬유물감은 수채화물감처럼 물을 섞어 써요. 다만, 염료가 말라 딱딱하게 굳기 앞서 붓과 팔레트를 씻어야 해요. 섬유크레용은 기름이 많아서 면을 채울 때보다 선을 그릴 때 좋아요. 열매와 지우개는 잘라 쓰고 나뭇잎과 솔방울은 그내로 도장처럼 찍어 써요.

⑤ 열매를 이쪽저쪽으로 잘라 무슨 모양인지 함께 살펴보고 물감을 발라 도장처럼 찍어 그림을 그려요. 마련한 다른 재료들도 재밌게 찍어 보세요.

⑥ 그림을 다 그린 뒤에는 그대로 잘 말린 다음 다림질을 합니다.

⑦ 천을 잘라서 소품으로 만들어요.

놀이를 하면서

· 자연에서 얻을 수 있는 재료를 아이들 스스로 찾아보면서 계절에 따라 무슨 열매들이 있는지 둘레모습은 어떻게 바뀌는지 살펴볼 수 있어요.

· 짜인 틀 안에서 그림을 그리던 아이들이 여러 가지 재료들을 다루어 보면서 자유로운 표현놀이를 할 수 있어요.

· 놀면서 그린 그림이 쓰임새 있는 물건으로 만들어지는 걸 보면서 필요한 물건은 얼마든지 스스로 만들어 쓸 수 있다는 걸 자연스레 깨닫게 돼요.

걸이그림

벌 한 마리가 들어왔어요.
옆으로 무심코 그어진 선들은 마치 풀숲 같아요.
벽에 걸어두고 오래오래 볼래요.

아이들 그림은 꾸밈이 없어요. 그대로 멋진 작품이에요.
그림판으로 만들어 벽에 걸어 보세요. 볼 때마다 빙그레 웃음이 나와요.

그림 그린 천(크기는 자르려는 그림에 시접 1.5cm씩 더해 자르세요.
책에서는 앞판과 뒤판 가로 35 × 세로 44cm 1장씩),
4온스 접착퀼트솜(솜은 시접 없이 잘라요.)

1 그림을 고른 뒤 바라는 크기대로 자른다. 앞판 뒤판 두 장 자른다.

2 염료가 천에 잘 스미도록 자른 그림을 다림질한다. (하얀 종이나 천을 덮고 다
   리면 좋아요.)

3 앞판에 아이 이름이나 새겨 두고 싶은 말을 바늘땀으로 넣는다.

4 접착솜을 앞판보다 1.5cm
   씩 작게 자른 뒤 앞판 안에
   누르듯이 다림질해 붙인다.
   (천과 솜이 더욱 잘 붙을 수
   있도록 둘레를 홈질해도
   좋아요.)

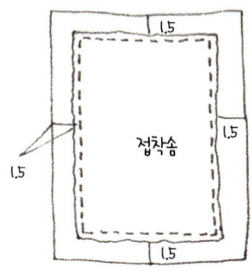

5 가로 4cm 세로 12cm로 천을 잘라 1cm씩 두
   번 접어 꿰맨 뒤 반 접어 앞판 위쪽 가운데에
   고리로 만들어 단다. 시접 0.5cm.

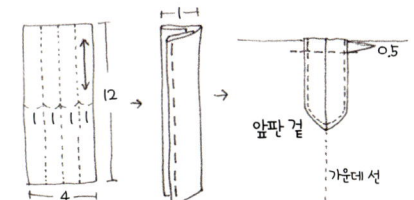

6 앞판, 뒤판을 겉끼리 마주
   놓고 포갠 뒤 아래쪽에 창구
   멍으로 10cm 남기고 홈질
   해 붙인다. 시접 1cm.

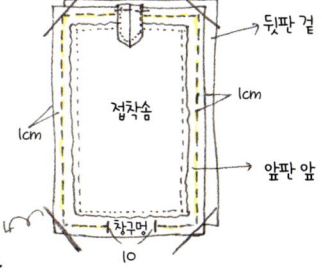

7 뒤집어서 창구멍 시접을 안으로 잘 접
   어 넣고 빙 둘러 홈질해서 마무리한다.

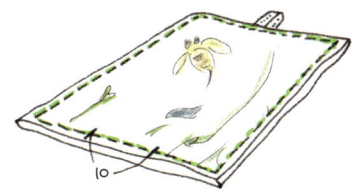

속닥속닥

- 앞판과 뒤판 모두 그림이 들어가도록 만들면 앞뒤로 번갈아가며 걸 수 있어요.
- 드라이기(뜨거운 바람)로도 염료가 잘 스미게 할 수 있어요. 그래도 다림질이 가장 좋답니다.

모빌

한 마리, 두 마리, 세 마리- 하나둘 별들이 날아요.
오르락내리락 방울은 어떻게 매달지?
무게와 길이 사이에 비밀이 있나 봐요.

모빌은 움직임이 있어서 볼 때마다 재밌어요.
아이와 함께 모빌을 만들면서 무게중심을 어떻게 잡는지
무게와 길이가 서로 어떻게 얽혀 있는지 이야기를 나눠 보세요.
시소를 떠올려 보세요. 좋은 공부가 된답니다.

그림 그린 천(크기는 자르려는 그림에 시접 1cm씩 더해 자르세요. 책에서는 지름 11cm 동그라미 2장,
지름 13cm 동그라미 2장, 지름 15cm 동그라미 2장), 방울솜, 나뭇가지, 낚싯줄, 시침실

1 방울로 만들 그림을 고르고 알맞은 크기로 자른
다. 앞판 뒤판 한 장씩 짝을 맞춰 자른다.

2 염료가 천에 잘 스미도록 자른 그림을 다림질한다.

3 바늘땀을 넣어 꾸민다.

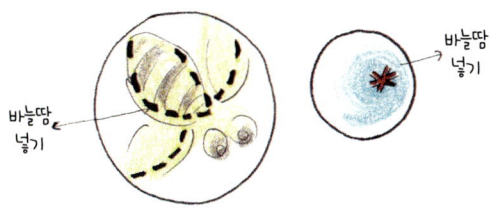

4 앞판과 뒤판을 겉끼리 마주 놓고 포갠 뒤 창구멍
을 남기고 홈질한다. 시접 1cm.

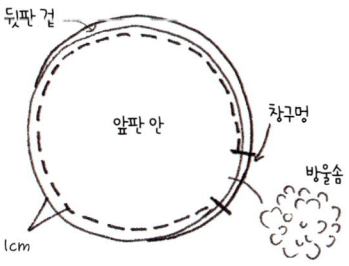

5 뒤집어서 방울솜을 넣고 창구멍을 감침질한다.

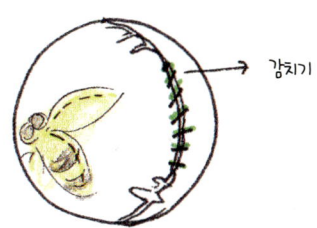

6 이음새에 바늘땀 한 땀을 넣어 고리로 만든다.

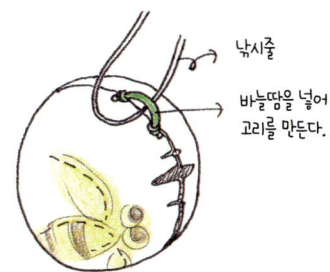

7 아래위로 이어 붙일 때는 아래위에 고리를 하나씩 만든다.

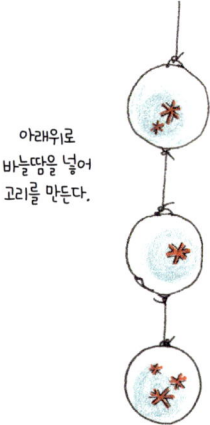

아래위로 바늘땀을 넣어 고리를 만든다.

8 짧은 나뭇가지 세 개를 실로 튼튼히 묶어 모빌 고리를 만든다.

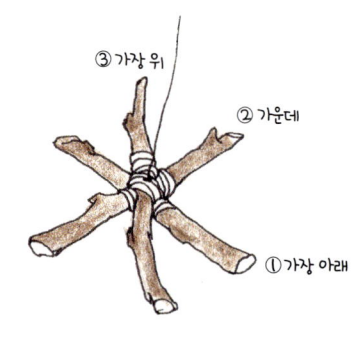

③ 가장 위
② 가운데
① 가장 아래

9 무게중심과 균형을 맞추어 가면서 나뭇가지에 그림 방울을 매달고 8에서 만든 모빌 고리를 맨 위에 단다.

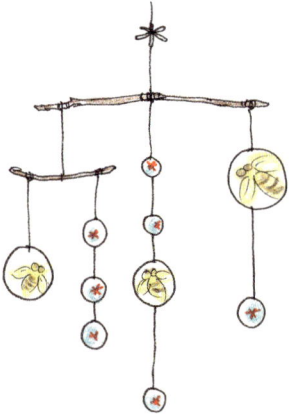

속닥속닥

- 방울솜은 낱 알갱이라 넣을 때 애를 먹지만 구름솜처럼 넣었을 때 한 쪽으로 뭉치지 않아서 좋아요. 한 움큼 집어 조물락조물락 뭉친 뒤에 넣어주면 한결 쉬워요.
- 나뭇가지에 뭐가 붙이거나 이을 때 글루건이나 본드를 써서 쉽게 할 수도 있지만 조금 번거롭고 힘들더라도 실로 감아 엮어 보세요. 글루건과 본드는 숨을 못 쉬게 해요.
- 낚싯줄 말고 실로 매달아도 좋아요. 다만 실은 먼지가 잘 붙어요.

2003년에 만든 홑겹 가방.
주머니 붙인 뒤쪽이 해져서 같은 천으로 한 꺼풀 덧댄다.
새로 천을 덧대 놓으니 자연스레 시간 흐름이 느껴진다.
빛바래고 낡았지만 그대로 스민 느낌이 좋다.
덧댄 가방을 물끄러미 바라보다가 '아플리케(appliqué)'든 '패치워크(patchwork)'든
멋 부리려고 하는 바느질이라기보다
낡고 닳은 것을 기워 살뜰히 이어 쓰려는 삶 지혜로구나 싶다.
자연스러울 때 가장 곱다.

조리개 주머니

양파와 감자로 무늬를 만들었어요.
양파 도장, 감자 도장.
자르는 대로 찍는 대로 무늬가 나와요.

열매들은 어떤 무늬를 품고 있을까요? 여러 방향으로 잘라 살펴보세요.
나뭇잎이나 솔방울, 꽃잎으로도 무늬를 만들 수 있어요.
양파와 감자 같은 먹을거리로 할 때는 버리는 꼭지와 껍질을 써도 좋아요.

그림 그린 천(크기는 자르려는 그림에 시접 1cm씩 더해 자르세요. 책에서는 윗판 가로 18 × 세로 16cm 2장,
아랫판 가로 18 × 세로 9cm 2장), 5mm 두줄꽈배기 면끈 50cm 2줄

1 그림을 고른 뒤 알맞은 크기로 자른다. 윗판, 아랫판을 두 장씩 자른
  다. 모서리는 동그랗게 자른다.

2 염료가 천에 잘 스미도록 자른 그림을 다림질한다.

3 윗판과 아랫판을 이어 붙이고
  가름솔 한다. 앞판 뒤판 한 장
  씩 모두 두 장을 만든다.

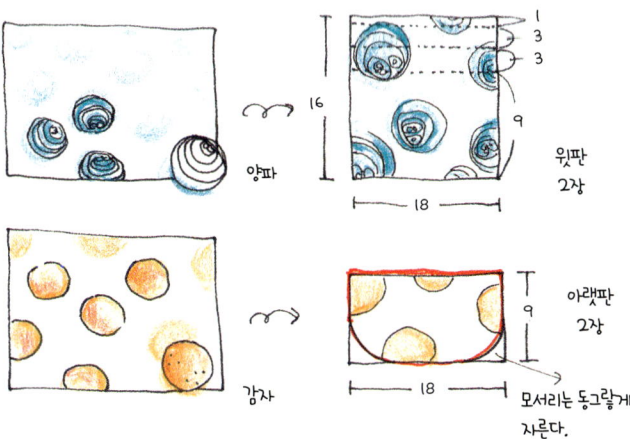

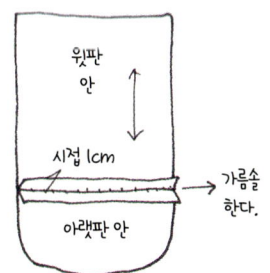

4 윗판과 아랫판 이어
  붙인 곳을 바늘땀으
  로 꾸민다. 앞판과 뒤
  판 모두.

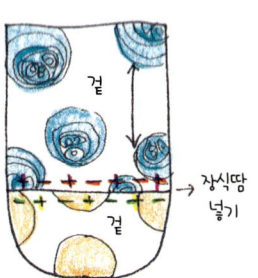

5 앞판과 뒤판을 겉끼리
  마주 놓고 포갠 뒤 양옆
  위쪽으로 9cm 남기고
  홈질하여 붙인다. 둥근
  시접 부분에는 가위집
  을 넣는다.

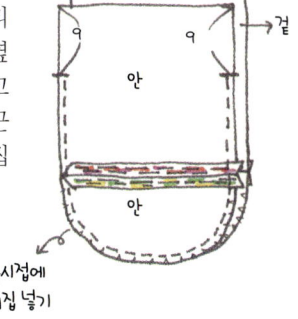

6 앞판 뒤판 모두 남겨둔 위쪽을 1cm씩 접어 홈질한다. 아래쪽은 박음질로 튼튼하게 꿰맨다.

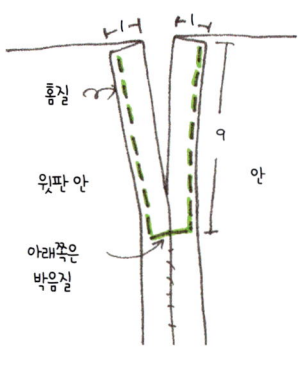

홈질

윗판 안

아래쪽은
박음질

9

안

7 윗단을 1cm 접고 또 3cm 접어서 홈질한다.

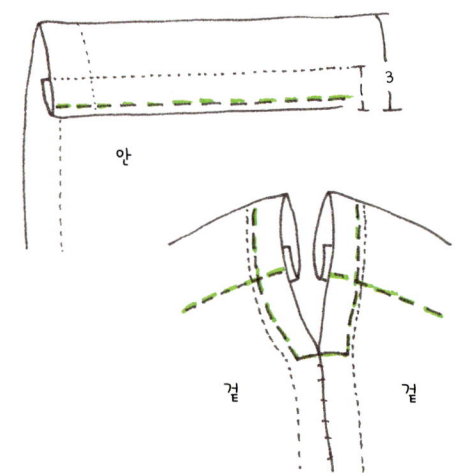

안

3

겉

겉

8 양쪽으로 면끈을 넣고 끄트머리를 묶는다.

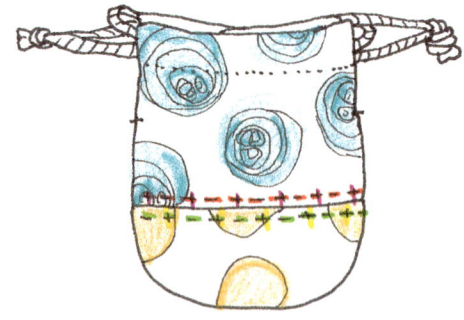

속닥속닥

- 조리개 주머니는 끈을 당기고 풀면서 여닫을 수 있어 아이들이 손쉽게 쓸 수 있어요.
- 주머니 크기가 작으면 큰 무늬보다는 작은 무늬가 더 잘 어울린답니다.

만들기 책을 보면 시침핀 꽂는 쪽이 내가 꽂는 쪽과 다르다.
내 쓰기 편한 대로 꽂아 썼으니 이런 것에도 '기본(?)'이 있는 줄 몰랐다.
세로가 아니라 가로로 꽂아 쓰라고 하는데 이렇게 꽂으면 재봉틀 바늘 밑으로
지나가도 쾅 박을 일이 없다고 한다.
그렇지만 나는 하던 대로 하는 게 편하고 재봉틀 바늘과 시침핀이 혹여나 맞닥뜨려서
바늘 반쪽이 튕겨 나갈까봐 마음 졸이는 게 싫다.

시침핀은 끄트머리가 날카로워서 곧잘 찔린다.
움직이지 말라고 꽂는데 손바느질이든 재봉틀이든 박고 나서 빼지 않으면 어느 참에 꼭 찔리고 만다.
그래서 천이 당겨지는 쪽, 세로로 꽂고 시침핀이 재봉틀 바늘 밑으로 들어가려고 할 때
재빨리 오른손으로 빼낸다.
박음질은 박음질대로 하면서 그때 그때 바로 시침핀도 정리할 수 있어서 꽤 괜찮은 방법 같다.

책에서 말하는 대로 가로로 꽂든, 내가 쓰듯 세로로 꽂든 꼭 어떻게 해야 하는 일이란 없다.
그저 쓰기 편한 대로 '나'에 맞춰 쓰면 된다.

손잡이 조리개 가방

아이가 곧잘 그리는 버스와 기차,
오늘은 쭉 뻗은 기차를 그렸네요.
긴 기차가 가방 앞뒤로 달려요.

물감 섞어 쓰기를 좋아하는 아이가 멋진 빛깔로 쭉 뻗은 기차를 그렸어요.
'기차는 길어~♬'서 반으로 접어 기차 품은 가방으로 만들었어요.
위쪽에 손잡이를 달고 쉽게 여닫을 수 있게 조리개 끈을 달았어요.
조리개 끈은 밑으로 이어져 있어 등으로 맬 수 있는 끈도 돼요.

그림 그린 천(크기는 자르려는 그림에 시접 1cm씩 더해 자르세요.
책에서는 몸판 가로 30 × 세로 72cm 1장, 손잡이 가로 8 × 세로 30cm 2장),
5mm 두줄꽈배기 면끈 130cm 2줄, 12mm 납작한 면끈 6cm 2줄

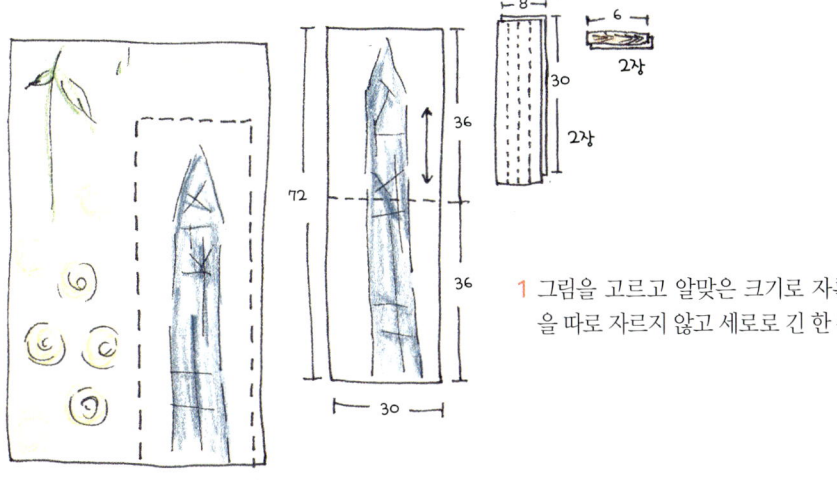

1 그림을 고르고 알맞은 크기로 자른다. 앞판 뒤판
 을 따로 자르지 않고 세로로 긴 한 장으로 자른다.

2 염료가 천에 잘 스미도록 자른 그림을 다림질한다.

3 그림에 바늘땀을 넣어 꾸민다.

4 겉끼리 마주 보게 천을 아래위로 반 접고 양쪽 밑
 에 납작한 면끈을 반 접어 넣는다. 위쪽 10cm를
 남기고 한꺼번에 박음질해 붙인다.

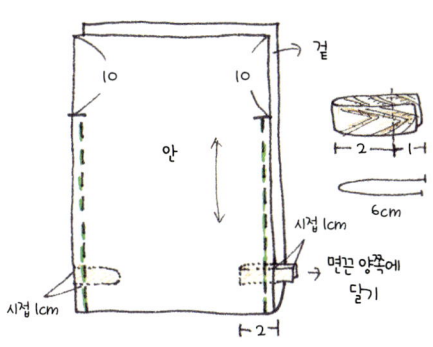

5 앞뒤로 남겨둔 위쪽을
1cm씩 접어 홈질한다.
아래쪽은 박음질로 튼
튼하게 꿰맨다.

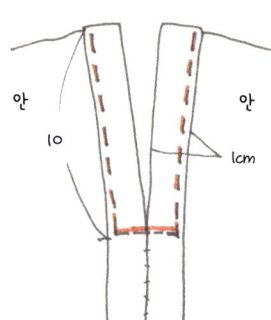

6 윗단을 1cm 접고 또
3cm 접어 홈질한다.

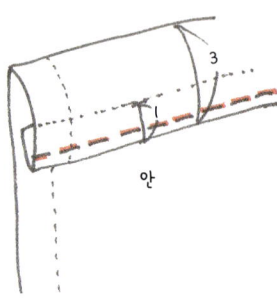

7 가로 8cm 세로 30cm 천을 두 장 잘라 손잡이를
만든다. 2cm씩 두 번 접어 홈질한다. 양쪽 끄트머
리는 감침질한다.

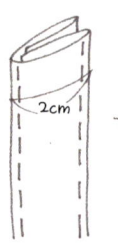

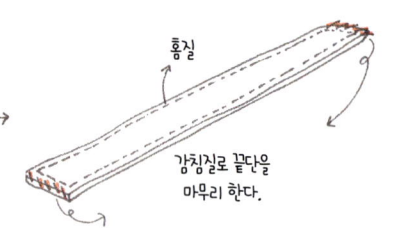

8 천 안쪽에서 앞판과 뒤판에 손잡이를 하나씩 자
리를 잡아 단다.

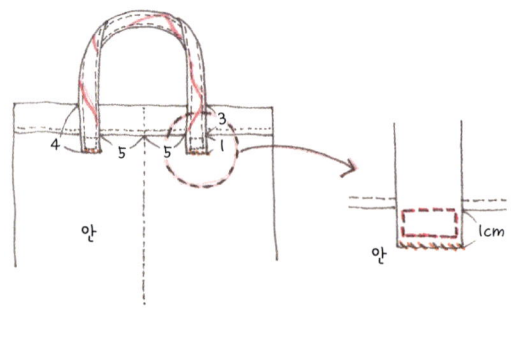

9 뒤집어서 양쪽에 차례대로 끈을 넣는다.

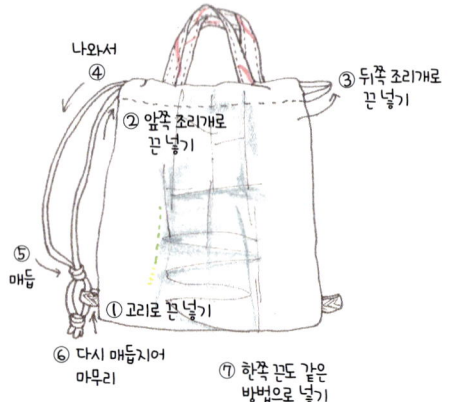

숙닥숙닥

- 그림놀이가 싫증날 무렵 조카가 끄적인 빨간 선무늬로 끈을 만들었어요.

- 앞판, 뒤판을 따로 만들어 붙일 때는 앞에 '조리개 주머니' 만들기를 참고하세요.

- 그림을 그린 날이나 아이 이름을 바늘땀으로 넣어 보세요. 누가 그렸는지, 언제 그렸는지 남겨둘 수 있어 좋
아요.

그림과 바늘땀 이야기

그림에 바늘땀을 넣고
쓰임새 있는 소품으로 만들었어요.

둘레에서 얻어요

둘레를 살펴보면 살려 쓸 수 있는 물건들이 참 많아요.

쉬이 버려지는 물건들은 무엇이 있을까요?

또 쉬이 얻을 수 있는 재료들은 무엇이 있을까요?

듬성듬성 뚝딱뚝딱 손바느질 곁들인 새로 쓰는 만들기.

깃발장식줄

옷팔찌

나뭇가지 전등갓

세탁소 옷걸이 주머니

안 입는 옷,
세탁소 옷걸이, 유리병, 종이상자, 플라스틱
자연에서 얻을 수 있는 나뭇가지, 나뭇잎, 솔방울, 돌멩이

어떻게

① 아이와 함께 둘레에 쉽게 버려지는 물건들에는 무엇이 있고 어떻게 살려 쓸 수 있는지 이야기를 나눠 보세요. 인터넷으로 '재활용' 만들기 자료들을 보여 주어도 좋아요.

② 집안에서 얻을 수 있는 재료들을 찾아봅니다.

③ 바깥에서 얻을 수 있는 재료들을 찾아봅니다.

④ 가져온 재료들로 무엇을 만들 수 있는지 재미있게 이야기를 나눠요.

⑤ 만들기에 필요한 도구들을 마련해 주세요.

⑥ 아이가 스스로 끌어가는 만들기가 될 수 있도록 말없이 지켜봐 주세요.

⑦ 다 만든 뒤에는 어떻게 만들게 되었는지 아이 이야기를 듣는 시간으로 마무리합니다.

놀이를 하면서

· 쉽게 쓰레기가 되는 물건들은 새로 쓸 수 있는 또 다른 자원이에요. 살려 쓰는 만들기를 하면서 아이들은 자연스레 삶터와 자연을 돌아볼 수 있어요.

· 쓰레기는 어떻게 만들어지는지 쓰레기처럼 여겨지던 물건들이 어떻게 새로이 바뀌는지 아이들이 곰곰 생각해 볼 수 있어요.

· 글루건이나 접착제를 안 쓰면 조금 더 '자연'스럽고 뜻있는 만들기를 할 수 있어요.

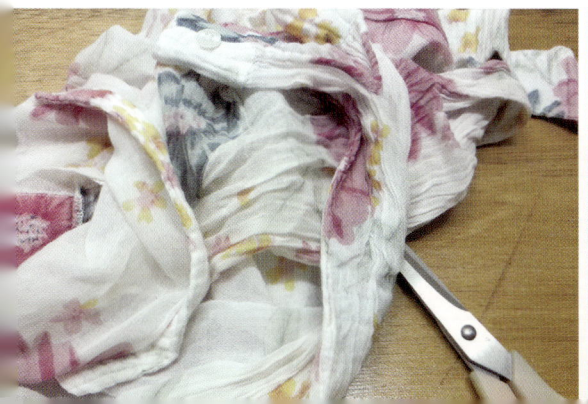

깃발장식줄

아이는 자르고 엄마는 바느질, 사이좋게 뚝딱.
안 입는 옷과 자투리 천으로 만든 장식줄,
특별하지 않아도 기억에 남는 하루처럼 분위기를 한껏!

한 번도 입지 않고 여러 해 모셔두기만 했던
엉덩이 덮는 긴 남방을 잘라 장식줄로 만들었어요.
밝은 빛깔이라서 아이 소품에 잘 어울리네요.
남방에 달렸던 단추들도 사이사이 예쁘게 달아요.

안 입는 남방, 자투리 천, 5mm 두줄꽈배기 면끈, 단추(남방에 달린 단추)
깃발장식줄 시접본, 깃발장식줄 완성본

1 남방과 자투리 천에 시접본을
대고 그린다. 필요한 개수만큼
자른다.

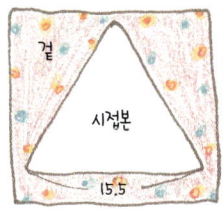

2 1에서 자른 천 안쪽에 완성본
을 올려 시접을 접는다.

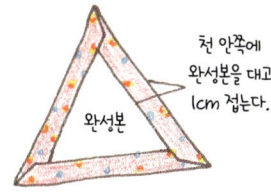

3 ①과 ② 순서대로 홈질한다.

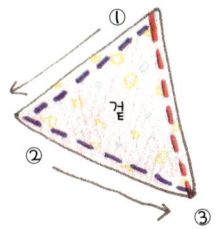

4 ③부터는 밑에 면끈을 놓고 함
께 꿰맨다.

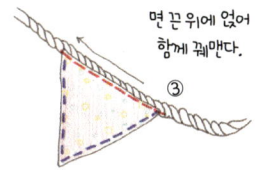

5 남방천 하나, 자투리 천 하나씩 바꾸어 단다.

6 남방에서 떼어낸 단추를 군데군데 단다.

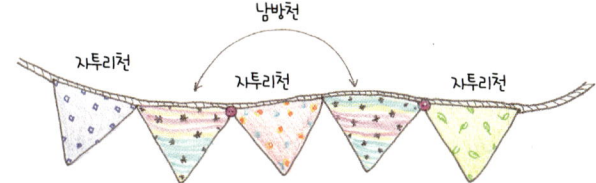

속닥속닥

- 깃발장식줄은 모양이 길쭉하지 않고 바른 세모꼴일 때 가장 예쁜 듯싶어요.
- 깃발을 붙일 때 사이를 두고 띄엄띄엄 붙여도 좋아요.

옷팔찌

앞섶 팔찌, 카라 팔지, 소맷단 팔찌.
옷 한 벌 팔찌 셋.
단추와 바늘땀으로 꾸며요.

안 입는 남방으로 옷팔찌를 만들어 볼까요.
소맷단으로도 만들고 앞섶으로도 만들고 카라로도 만들 수 있어요.
남방에 있는 단추도 그대로 예쁜 꾸밈이 돼요.

안 입는 남방, 단추(남방에 달린 단추와 알록달록한 작은 단추)

[카라 이음단으로 만들기]

1 남방을 펼쳐 놓고 카라와 이어진 단을 자른다.

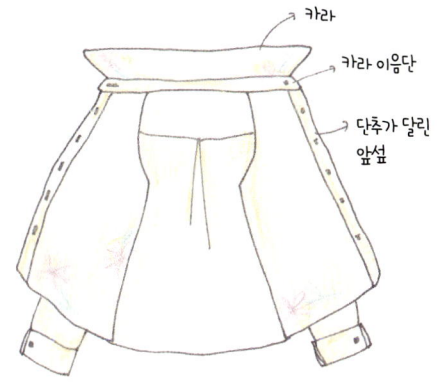

- 카라
- 카라 이음단
- 단추가 달린 앞섶

2 실 두 겹으로 가운데를 홈질해서 꾸민다.

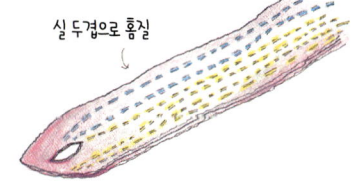

실 두겹으로 홈질

3 '담요 바늘땀'('속닥속닥'을 보세요.)으로 끄트머리를 꾸민다. 넓은 땀과 좁은 땀, 긴 땀과 짧은 땀이 어우러지도록 겹쳐서 넣는다.

4 단추를 달아 꾸민다.

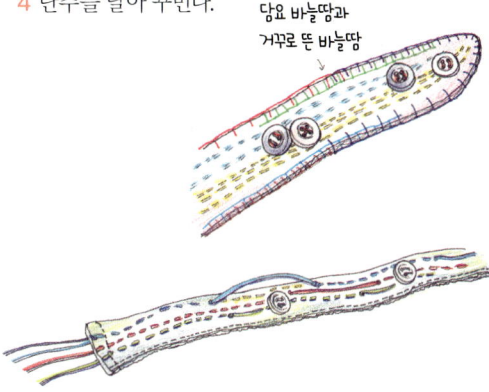

담요 바늘땀과
거꾸로 뜬 바늘땀

[단추 달린 앞섶으로 만들기]

1 단추가 달린 앞섶을 자른다.

2 빛깔이 다른 실을 두 겹 또는 네 겹으로 해서 가운데를 홈질해 꾸민다. 홈질하다가 매듭을 짓고 실을 길게 뺀 다음 다시 매듭을 짓고 홈질한다. 끄트머리에서는 매듭을 짓고 실을 길게 늘어뜨린 뒤 자른다.

속닥속닥

- ‘담요 바늘땀(블랭킷 스티치, blanket stitch)’과 ‘단춧구멍 바늘땀(버튼홀 스티치, buttonhole stitch)’를 견주어 볼까요.

  ① ‘담요 바늘땀(블랭킷 스티치, blanket stitch)’은 천 가장자리를 직각으로 둘러 감쌀 때 곧잘 쓰는 바늘땀이에요. 담요 가장자리에 많이 쓰여 ‘담요 바늘땀’이라고 이름이 붙었어요.

  ② ‘단춧구멍 바늘땀(버튼홀 스티치, buttonhole stitch)’은 단춧구멍이나 끝단 가장자리를 휘갑쳐 뜰 때 쓰는 바늘땀이에요. ‘담요 바늘땀’과 달리 바늘에 실을 한 번 두르고 뜨기 때문에 가운데 매듭이 지어진답니다. 바늘이 들고 나는 방향도 그림에서 보듯 달라요. 똑딱단추를 달 때 이 ‘단춧구멍 바늘땀’으로 달면 그냥 감치는 것보다 훨씬 튼튼하고 멋스럽게 달 수 있어요.

  ③ ‘담요 바늘땀’을 거꾸로 뜬 바늘땀이에요. 이름을 뭐라고 지어주면 좋을까요? ^^

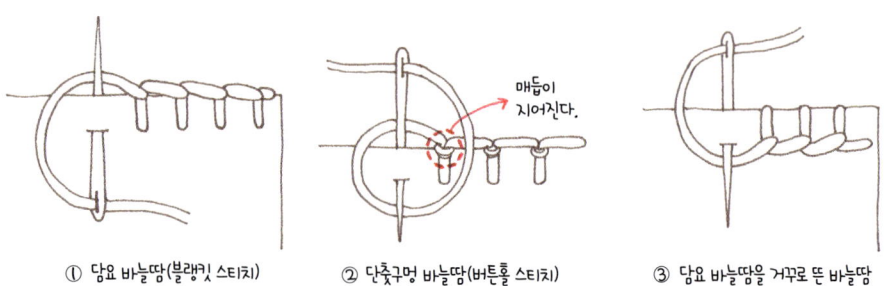

① 담요 바늘땀(블랭킷 스티치)　　② 단춧구멍 바늘땀(버튼홀 스티치)　　③ 담요 바늘땀을 거꾸로 뜬 바늘땀

소맷단 팔찌 이야기

옷으로 만든 팔찌는 산촌유학센터 있을 때 아이들이랑 처음 만들었어요.

아이들이랑 자투리 천으로 걸개를 만들다가 천이 모자라서 집에서 안 입는 옷을

가져오랬더니 한 아이가 아버지 와이셔츠를 가지고 왔어요.

앞판 뒷판 살뜰히 쓰고 남은 소맷단을 끼고 놀다가 재밌었는지 저 보고 그걸로 친구에게

선물할 팔찌를 만들겠다고 해요. 그래서 바늘땀을 넣어 꾸미는 방법을 알려 줬어요.

그랬더니 하루 지나 멋진 팔찌를 내밀더라구요.

아이들이 뭔가 푹 빠져서 하는 모습을 보면 늘 흐뭇하답니다.

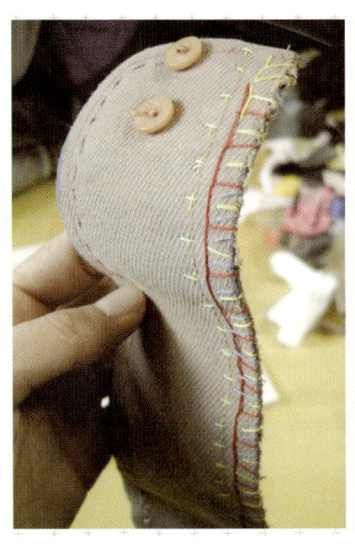

나뭇가지 전등갓

숲 내음, 새로운 숨
담는 빛, 밝은 빛
인디언 집처럼 만들어요.

이 전등갓은 제가 참 아끼던 60수 아사 꽃무늬 남방으로 만들었어요.
아사는 부드럽고 가벼워서 입기에 좋지만 오래 입으면 이음새들이 미어져요.
이 옷에 담긴 이야기들이 많아서 버리지 못하다가
전등갓으로 쓰면 알맞겠다 싶어 자르게 되었어요.
나뭇가지와 만나니 꽃무늬가 더 곱게 느껴져요.

안 입는 남방, 나뭇가지, 시침실이나 마끈

1 짧은 나뭇가지 네 개로 밑판 모양을 잡고 모서리를 시침실로 묶는다.

2 긴 나뭇가지 네 개를 세워 기둥을 만든다. 위쪽 끄트머리를 헐겁게 묶어 둔다.

3 기둥이 되는 가지들을 밑판 바깥쪽 모서리에 끼우고 중심을 맞추면서 하나씩 묶어 나간다. 헐겁게 묶어둔 위쪽 끈을 조여서 마무리한다.

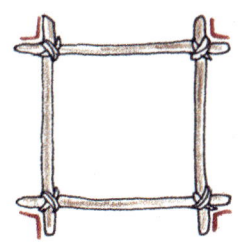

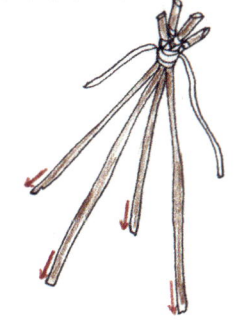

4 남방 천을 나뭇가지에 맞춰 시접까지 더해 넉넉하게 자른다.

양쪽 위아래로 나뭇가지를 감싸는 크기로 천을 자른다. 접으면 자연스레 시접이 된다.

5 시접을 접고 나뭇가지 한쪽부터 감침질한다. 양쪽과 위아래로 천을 팽팽하게 당기면서 꿰맨다.

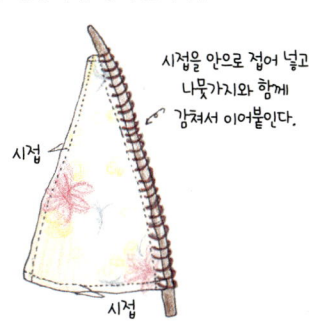

시접을 안으로 접어 넣고 나뭇가지와 함께 감쳐서 이어붙인다.

시접

시접

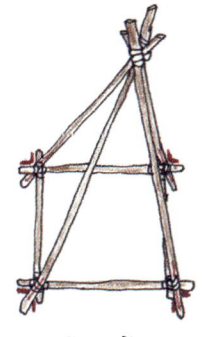

표시한 대로 세운 나뭇가지를 밑판 가지와 가지 사이로 넣는다.

속닥속닥

- 나뭇가지를 엮을 때 글루건이나 본드로 쉽게 붙일 수도 있지만 환경을 생각해서 실이나 끈으로 묶어 보는 것도 좋겠다 싶어요.
- 나뭇가지를 엮을 때 마끈보다 시침실 같은 얇고 잘 끊어지지 않는 끈이 좋아요. 시침실로 먼저 튼튼히 묶고 그 위에 마끈으로 감싸면 보기에도 좋아요.
- 크게 만들면 인디언 천막이 돼요.

전등갓 이야기

산촌유학센터 남자아이들 방에 있던 유리 조명이 깨져서

예쁘게 꾸며 보겠다고 아이들이랑 함께 전등갓을 만들었어요.

산에서 나뭇가지 주워오고 읍내 화방 가서 한지를 사다 만들었지요.

그리곤 마지막까지 함께 만든 아이가 예뻐서

세워 두는 전등갓을 하나 더 만들어 선물했답니다.

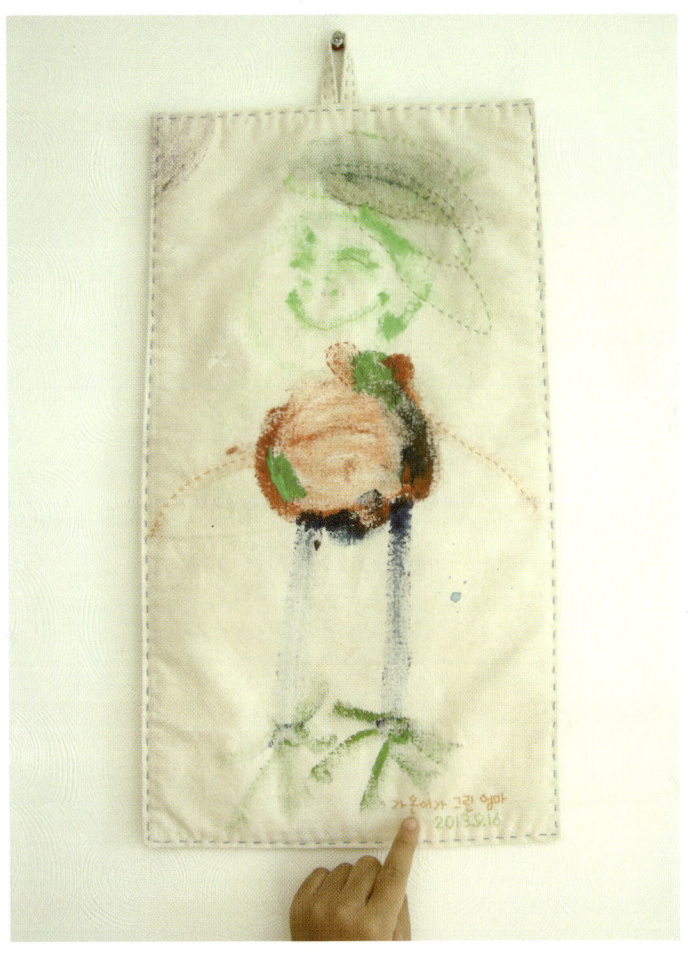

조카 가온이가 그린 엄마(올케),

재밌는 발 :)

바늘땀 넣어 마무리.

세탁소 옷걸이 주머니

요리조리 구부리는 대로
재미있게 바뀌는 세탁소 옷걸이,
돌돌 말아 감싼 뒤 주머니를 달아요.

꽃무늬 남방과 하얀 남방, 세탁소 옷걸이로 만든 주머니에요.
옷을 찢어 만든 끈으로 예쁘게 감싼 뒤 소매를 잘라 주머니를 달았어요.
옷걸이를 90°로 구부려 만들면 모서리에 걸기 좋아요.
편지나 여러가지 고지서를 깔끔하게 넣어둘 수 있어요.

안 입는 남방, 세탁소 옷걸이, 자투리 천 한 장, 구름솜, 단추 4개(남방에 있는 단추)

1 만들고 싶은 모양대로 세탁소 옷걸이를 구부린다. (펜치를 쓰면 쉽게 구부릴 수 있어요.)

2 남방 앞판이나 뒤판에서 두께 1cm로 찢어 끈을 만든다.

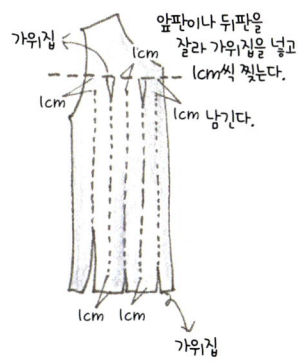

앞판이나 뒤판을 잘라 가위집을 넣고 1cm씩 찢는다.
가위집
1cm
1cm
1cm 남긴다.
1cm 1cm
가위집

3 옷걸이 고리부터 2에서 만든 끈으로 감싼다. 쉽게 풀어지지 않게 끄트머리를 꿰맨다. (본드 안 쓰고도 얼마든지 만들 수 있어요.^^)

4 끈을 당기면서 뜨지 않게 촘촘히 감는다. (모서리는 조금 더 촘촘히 감싸야 해요.)

5 철사 끄트머리가 있는 고리 아래쪽에서 천을 여러 번 두른 뒤에 감침질로 마무리한다.

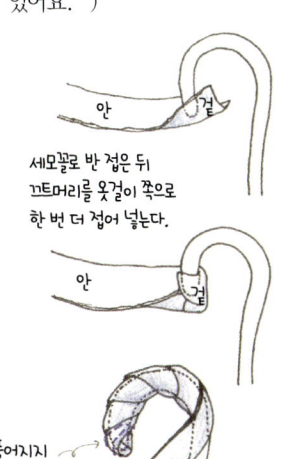

안
겉
세모꼴로 반 접은 뒤 끄트머리를 옷걸이 쪽으로 한 번 더 접어 넣는다.
안
겉
풀어지지 않게 바느질해서 튼튼하게 감싼다.
겉

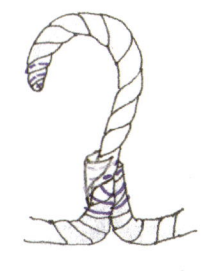

끄트머리는 감침질해 마무리한다.

6 천을 길게 두 겹으로 자른 다음 한꺼번에 비틀어 돌리면서 꽃을 만든다. 끄트머리는 뒤쪽에서 꿰매 마무리한다.

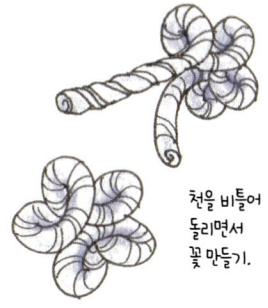

천을 비틀어 돌리면서 꽃 만들기.

7 자투리 천을 동그랗게 잘라 촘촘히 홈질하고 실을 당겨 오므린 뒤에 구름솜을 넣는다. 솜을 다 넣으면 실을 쭉 당겨 조인 다음 매듭을 짓는다.

8 꽃 위에 7에서 만든 방울을 꿰매 붙이고 옷걸이에 단다.

9 소매를 잘라 윗단 3cm 접고 홈질하고 아래 소맷단은 감침질한다.

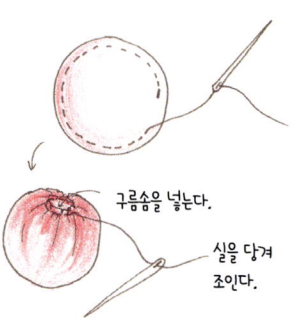

구름솜을 넣는다.

실을 당겨 조인다.

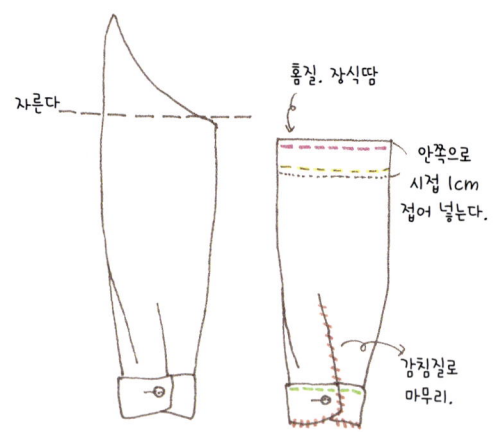

자른다

홈질. 장식땀

안쪽으로 시접 1cm 접어 넣는다.

감침질로 마무리.

10 가로 3cm 세로 15cm로 천을 잘라 고리를 만든다. 단춧구멍을 내고 감침질한다. 천이 얇을 때는 두 겹, 세 겹으로 한다. 소매에 고리가 있으면 그대로 살려 쓰고 나머지 고리 두 개만 만든다.

11 소매에 고리를 이어 붙인다.

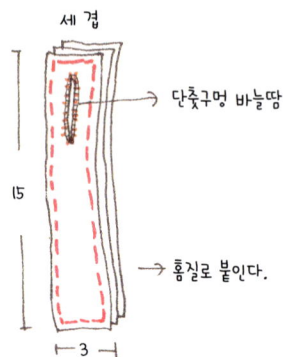

세 겹

단춧구멍 바늘땀

15

홈질로 붙인다.

3

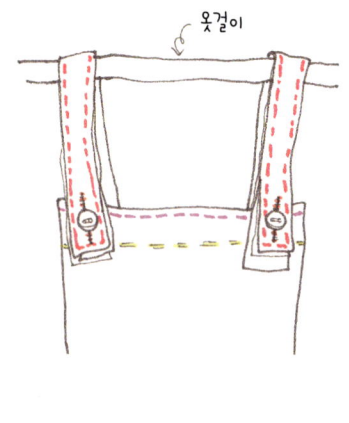

옷걸이

속닥속닥

- -

• 세탁소 옷걸이는 철사로 되어 있어서 여러 가지 필요한 물건을 뚝딱 만들 수 있어 좋아요.
  인터넷에도 세탁소 옷걸이로 만든 놀랍고 재미난 물건들이 많아요. 눈이 번쩍!

세탁소 옷걸이 이야기

친구들이 꾸린 작업실에서 바느질 수업을 하기로 했어요.

좋은 뜻을 담은 만들기를 하고 싶어서 세탁소 옷걸이로 알림판과 주머니를 만들었지요.

하얀 뼈대가 드러나는 옷걸이를 천으로 감싸고 주머니를 만들어 씌웠어요.

문 앞에 걸면 예쁜 알림판으로, 사진을 꽂으면 액자처럼 쓸 수 있고

주머니로 만들면 편지와 영수증, 고지서들을 깔끔하게 넣어둘 수 있어요.

세탁소 옷걸이로 만들 수 있는 물건은 참말 많답니다.

03

따뜻한 한 땀

선물하기에 좋아요

필요해서 만들어 쓰는 물건은 만들면서도 만들고 나서도 참 기분이 좋아요.
이런 소품을 만들어 선물하면 받는 사람도 한결 기쁘게 쓸 수 있어요.
수수한 손길 대로 따뜻함이 스민 쓰임새 있는 물건들,
사서 보내는 선물이 지닐 수 없는 정성이 깃든 손바느질 소품.
마음을 나누고 싶은 분들에게 살며시 건네 보세요.

열쇠고리

팔찌와 목걸이

컵싸개

컵받침

비닐봉지 손삽이

유리병 주머니

두루마리화장지 싸개

명함지갑

도장지갑

열쇠고리

따뜻한 열쇠 친구,
자투리 천 이야기를 담아요.
폭신폭신, 한 땀 두 땀.

자투리 천을 이어 붙여 만들었어요.
아기자기하게 만드는 재미가 있네요.
솜을 넣으니까 폭신폭신해서 만지는 느낌이 좋아요.
열쇠고리가 있으면 쉽게 찾아 꺼낼 수 있어
발을 동동 구를 일이 없어요.

[끈 열쇠고리]

자투리 천 다섯 가지 6 × 8.5cm, 6 × 3cm, 6 × 7cm, 6 × 5.5cm, 6 × 6.5cm 1장씩
동그란 쇠고리 1개

1 자투리 천을 자른다. (모두 시접 0.5cm를 더한 길이에요.)

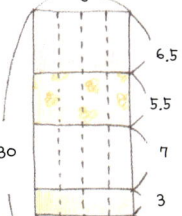

2 홈질로 이어 붙이고 가름솔 한다. 시접 0.5cm.

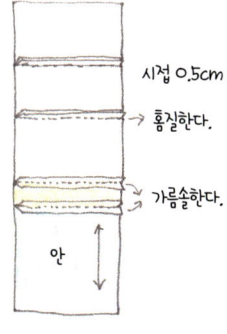

3 1.5cm씩 두 번 접고 위아래로 시접 0.5cm씩 접는다.

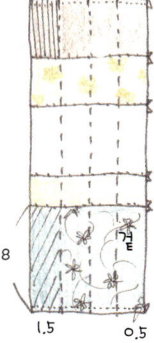

4 3 그림에서 아래 빗금 친 곳을 박음질과 매듭땀으로 꾸민다.

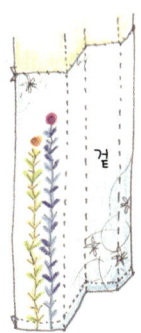

5 3 그림에서 위에 세로줄 친 곳을 박음질과 별모양 바늘땀으로 꾸민다.

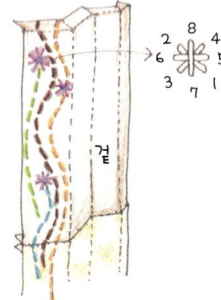

6 앞뒤로 잘 접어서 옆선을 ×자로 꿰맨다. (어려우면 감침질해도 좋아요.)

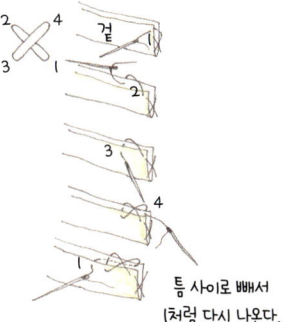

틈 사이로 빼서 1처럼 다시 나온다.

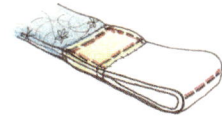

7 가운데 자투리 천에서 홈질해 앞뒤를 붙이고 가운데 접히는 곳에도 바늘땀을 넣는다.

8 고리를 끼운다.

[폭신한 열쇠고리]

자투리 천 세 가지 3.5 × 7.5cm 2장, 3.5 × 4.5cm 1장, 3.5 × 4.5cm 1장
12mm 납작한 면끈 3cm, 방울솜, 동그란 쇠고리 1개

1 앞판 뒤판 자투리 천을 자른다.
(모두 시접 0.5cm를 더한 길이
에요.)

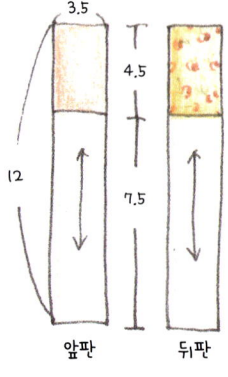

2 자투리 천을 앞판은 앞판대로
뒤판은 뒤판대로 이어 붙이고
가름솔 한다. 시접 0.5cm.

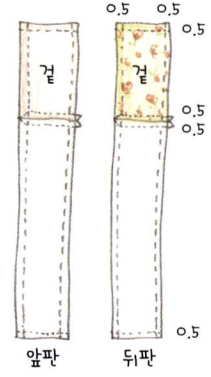

3 앞판과 뒤판 겉쪽을 바늘땀으
로 꾸민다.

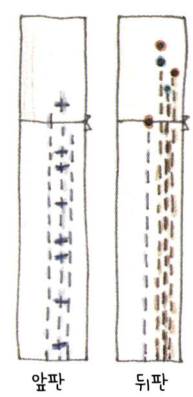

4 앞판과 뒤판을 겉끼리 마
주 놓고 포갠 뒤 위쪽에
창구멍으로 1.5cm 남기
고 홈질해서 이어 붙인다.

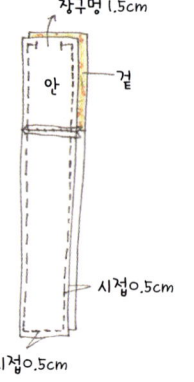

5 뒤집어서 방울솜을 넣고
가운데에 납작한 면끈을
반 접어 안으로 0.7cm 넣
고 꿰맨다.

6 고리를 끼운다.

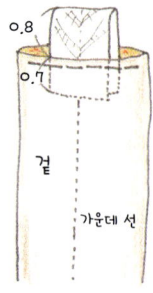

속닥속닥

- -

• 동그란 쇠고리는 동네 문방구에서 사서 달았어요. 문방구에 없으면 화방에 한 번 들려 보세요. 인터넷에서
도 살 수 있어요.

열쇠고리 이야기

산촌유학센터에서 일할 때 방이 본채 옆에 따로 있어서 늘 방 열쇠를 지니고 다녀야 했어요.

주머니에 덜렁 넣고 다니다가 두어 번 잃어버린 다음에 끈을 만들어 달았지요.

자투리 천을 이어 붙여 손쉽게 만들었어요.

함께 일하는 선생님들에게도 하나씩 만들어 선물했답니다.

필요한 물건을 만들어 쓸 때 쏠쏠한 재미가 있어요.

팔찌와 목걸이

손맛 담뿍 팔찌랑 목걸이랑,
천이 주는 따뜻함에
반짝임을 더해요.

자투리 천에 비즈를 달아 팔찌와 목걸이를 만들었더니 따뜻한 느낌이 들어요.
땋아서 만든 팔찌가 조금 너덜거리나 싶어 단정한 비즈 팔찌를 하나 더 만들었는데
보는 사람마다 땋은 팔찌가 예쁘다고 해서 둘 다 책에 넣기로 했어요.

[땋아서 만든 팔찌]

자투리 천, 10mm 단추 4개, 12mm 나무단추 1개, 8mm 나무알 3개,
13mm 나무비즈 1개, 1mm 갈색 가죽끈(또는 굵은 실) 90cm

2 천 넉 장을 잘라 두 장씩 포갠 뒤 아래쪽을 뺀 나머지를 감침질해서 여
  밈단 두 개를 만든다.

1 천을 찢어 세 가닥으로 땋아
  19cm씩(땋았을 때 시접 더한
  길이) 석 줄을 만든다.

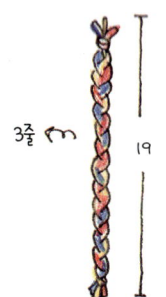

3 1에서 만든 끈을 여밈단 안에
  넣고 박음질해 꿰맨다. 양쪽을
  똑같이 만든다.

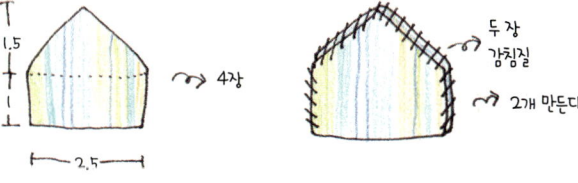

4 가죽끈(또는 굵은 실)에 따로
  따로 단추와 나무알, 나무비즈
  를 달아 두 줄을 만든다.

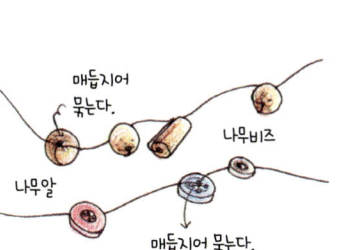

5 단추 묶은 줄을 한쪽 여밈단에 꿰매고 끝쪽 단추
  하나씩 땋은 끈에 꿰매 붙인다. 줄 끄트머리는 여
  밈단에 꿰매 매듭지어 마무리한다. 나무비즈 달아
  놓은 줄은 여밈단 양쪽에 늘어뜨려 꿰매 붙인다.

6 여밈단 한쪽에 나무단추를 달고 나머지 한쪽에는
  가죽끈으로 고리를 만들어 단다. 고리는 서너겹으
  로 만든다.

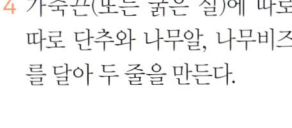

[비즈 달아 만든 팔찌]

자투리 천 두 가지(넓은 끈 3.6 × 25cm, 좁은 끈 2.4 × 24.5cm), 2온스 접착퀼팅솜 1.2 × 24.5cm, 빛깔이 다른 2mm 비즈 서너 가지, 12mm 단추 1개, 1mm 갈색 가죽끈(또는 굵은 실) 5cm

1 넓은 끈과 좁은 끈 하나씩 천을 두 장 자른다.

2 끈 두 개를 따로따로 그림처럼 두 번 접는다.

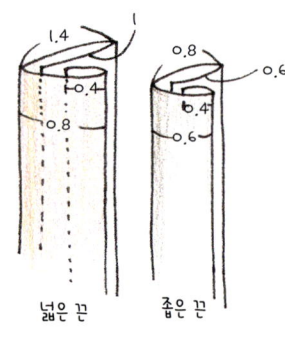

3 넓은 끈 안쪽에 접착솜을 넣고 꿰매고 좁은 끈은 그대로 접어 꿰맨다.

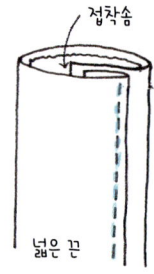

4 양쪽 끄트머리는 감침질해서 마무리하고 끈 모두 바늘땀을 넣어 꾸민다. 좁은 끈에는 바늘땀을 넣은 뒤 비즈를 단다.

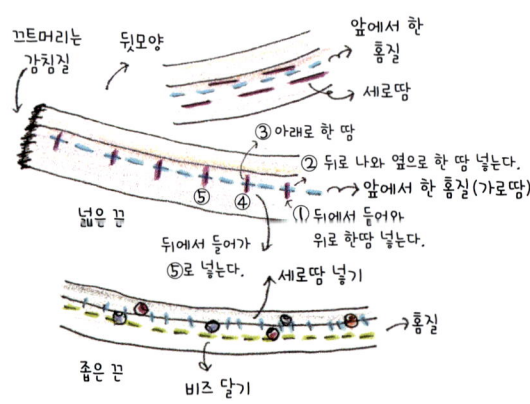

5 넓은 끈에 좁은 끈을 얹어 한쪽 끄트머리를 꿰매고 여밈단추를 단다. 반대쪽에 두 끈을 포개어 놓고 손목둘레에 맞는 길이로 꿰맨 다음 여밈고리를 단다. (넓은 끈이 조금 더 길어서 양쪽 끄트머리를 맞추어 꿰매면 두 끈이 자연스럽게 벌어지게 된답니다.)

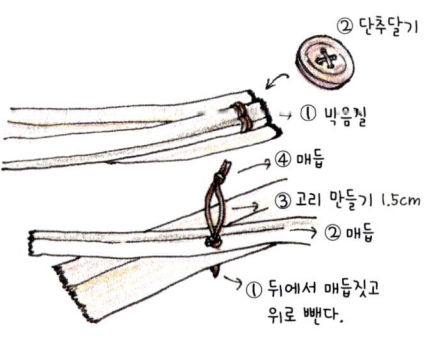

[나무알 비즈 목걸이]

자투리 천 2 × 44cm, 2mm 비즈 한 가지, 8mm 나무알 1개, 10mm 단추 1개, 1mm 갈색 가죽끈(또는 굵은 실) 20cm

1 세로로 길게 천을 자르고 0.5cm씩 두 번 접는다.

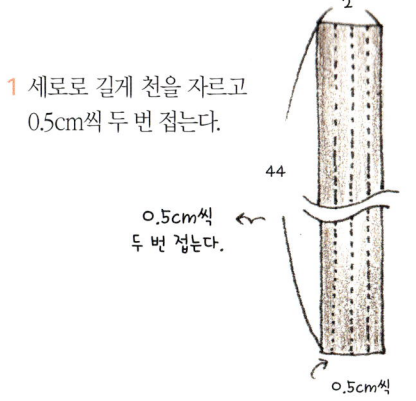

2

44

0.5cm씩
두 번 접는다.

0.5cm씩

2 빛깔실로 감침질해 꿰매고 바늘땀을 넣어 꾸민다. 먼저 홈질로 가로땀을 넣고 한 땀씩 건너 다른 빛깔로 세로땀을 얹는다. 건너뛴 한 땀마다 비즈를 단다.

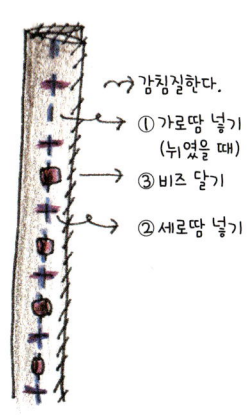

감침질한다.

① 가로땀 넣기
(뉘였을 때)

③ 비즈 달기

② 세로땀 넣기

3 목걸이 가운데에 붙일 알을 만든다. 먼저 가죽끈 끝을 매듭짓고 비즈 두 개를 끼운 뒤에 다시 매듭을 짓는다. 나무알을 끼우고 매듭지은 다음 비즈 다섯 개를 끼우고 매듭을 짓는다. 매듭을 짓고 끈 끄트머리에 바늘을 끼워 앞에서 만든 천 가운데 모서리에 꿰매 붙인다.

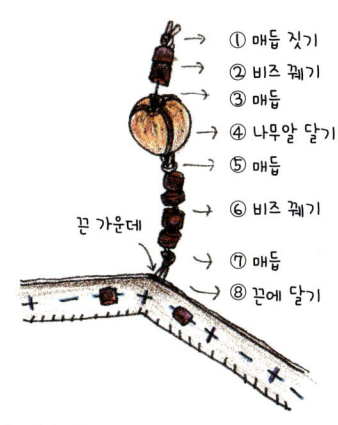

① 매듭 짓기
② 비즈 꿰기
③ 매듭
④ 나무알 달기
⑤ 매듭
⑥ 비즈 꿰기
⑦ 매듭
⑧ 끈에 달기

끈 가운데

4 목둘레에 맞게 길이를 맞춘 뒤에 한쪽에는 여밈단추를 달고 나머지 한쪽에는 여밈고리를 단다. 고리는 단추 크기에 맞게 만든다.

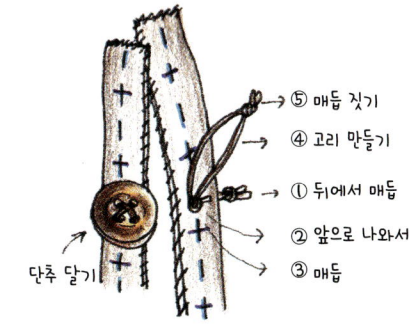

⑤ 매듭 짓기
④ 고리 만들기
① 뒤에서 매듭
② 앞으로 나와서
③ 매듭

단추 달기

속닥속닥

- 나무단추와 단추 몇 개를 빼고 알록달록한 단추들은 모두 천냥가게에서 샀어요. 여러 가지 작고 귀여운 단추들이 한 더미에 천 원! 동네 곳곳 천냥가게를 잘 둘러보세요. 쓸 만한 바느질 재료들이 꽤 있답니다.

컵싸개

뜨거울 때도 차가울 때도
곱다시 감싸요.
포근포근 컵싸개 셋.

겨울엔 뜨거운 컵 감싸고 여름엔 차가운 컵 감싸 볼까요?
퀼팅솜을 덧대 폭신하게 만들면 만질 때 느낌이 좋아요.

자투리 천, 4온스 접착퀼팅솜
컵싸개 시접본, 컵싸개 접착솜본

[체크무늬 컵싸개]

1 시접본을 대고 천을 두 장 자른다. 한 장은 시접
본을 옆으로 뒤집어서 그린 뒤 자른다. (앞뒤로 무
늬가 같은 천은 뒤집어서 그리지 않아도 돼요.)

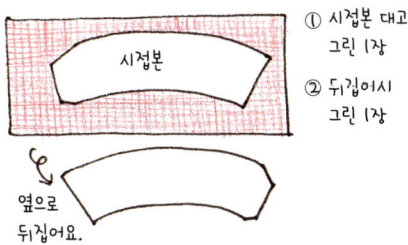

① 시접본 대고
그린 1장

② 뒤집어시
그린 1장

옆으로
뒤집어요.

2 겉감에 자투리 천으로 무늬를 만들고 감침질해 붙
인다. 군데군데 박음질로 선을 넣는다.

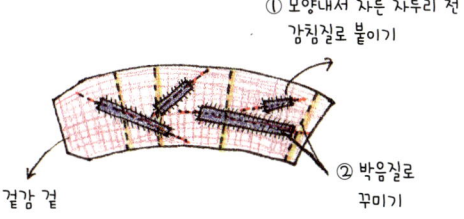

① 모양내서 자른 자투리 천
감침질로 붙이기

② 박음질로
꾸미기

겉감 겉

3 접착솜본을 대고 접착솜을 자른 뒤 겉감 안에 다
림질해 붙인다.

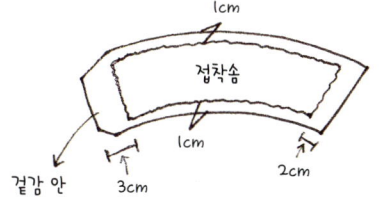

1cm

접착솜

1cm

겉감 안

3cm

2cm

4 안감과 겉감이 겉끼리 마주 보게 포갠 뒤 창구멍
을 남기고 꿰맨다.

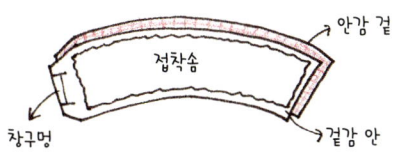

안감 겉

접착솜

창구멍

겉감 안

5 뒤집어서 창구멍 시접을 안으로 잘 접어 넣고 컵
둘레에 맞게 양쪽 끄트머리를 포갠 다음 감침질해
마무리한다.

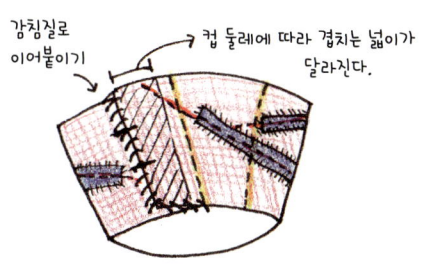

감침질로
이어붙이기

컵 둘레에 따라 겹치는 넓이가
달라진다.

[줄무늬 컵싸개]

1 컵 둘레를 줄자로 잰 뒤 6cm 두께로 천을 2장 자른다. (시접본대로 잘라도 좋고 컵에 천을 둘러 만들어도 좋아요.)

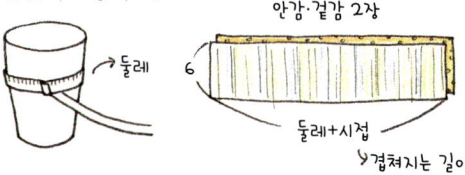

2 겉감에 접착솜을 붙이고 겉감과 안감에 따로 바늘땀을 넣어 꾸민다. (두 가지 분위기로 쓸 수 있어요.) 겉감과 안감을 안끼리 마주 보게 놓고 포갠 뒤 빙 둘러 감침질한다.

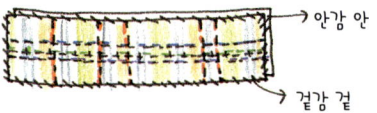

3 컵에 두르고 양쪽 끄트머리를 알맞게 겹치게 한 뒤에 감침질한다.

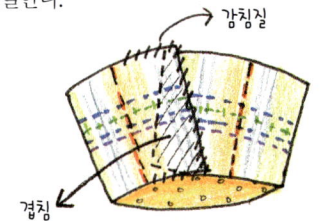

[차 한잔 컵싸개]

1 컵 둘레를 줄자로 잰 뒤 6cm 두께로 천을 2장 자른다. (시접본대로 잘라도 좋고 컵에 천을 둘러서 만들어도 좋아요.)

2 겉감에 접착솜을 붙이고 그림처럼 바늘땀으로 글씨를 넣는다.

3 안감과 겉감을 안끼리 마주 보게 포갠 뒤 빙 둘러 감침질한다.

4 컵에 둘러 양쪽 끄트머리를 알맞게 겹친 다음 감침질한다.

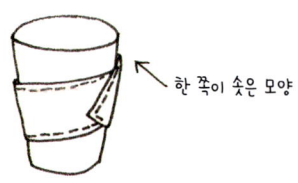

속닥속닥

- 시접본이 만들고 싶은 컵 둘레보다 짧으면 줄무늬 컵싸개처럼 만들어 보세요. 시접본은 위아래가 둥글어서 컵에 둘렀을 때 수평이 되지만 천을 잘라 둘러서 만들면 위에 그림처럼 한쪽이 위로 솟은 모양이 됩니다. 쉽게 만들 수 있는 대신 삐죽한 모양이 돼요. 그래도 손바느질로 만들어서 그런지 둥글든 솟든 다 예쁘게 보여요.^^

- 6cm 보다 좁거나 넓은 두께로 만들 수도 있어요.

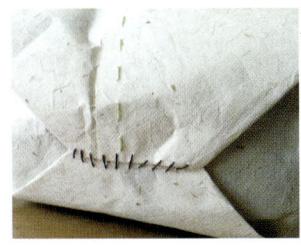

다림질한 가방을 한지에 싼다.
바늘땀을 넣는다.
꽃으로 여민다.

컵받침

네모 반듯 컵받침은 다 너무 똑같아 보여요.
똬리처럼 말아 빙글빙글 돌돌.
만드는 재미가 있어요.

자투리 천을 이어 붙인 네모난 컵받침이 너무 흔해서
재미난 컵받침을 만들고 싶었어요. 그래서 똬리를 만들게 되었지요.
한참을 감싸 꿰매려니 힘이 들기도 하지만
조그맣게 말았던 똬리가 살살 커지는 걸 보면서 즐거웠어요.
손바닥에 놓고 가운데를 누르면 오목한 받침으로 바뀐답니다.

자투리 천, 4온스 접착퀼팅솜

1 자투리 천들을 2.5cm 넓이로 자르고 250cm까지
  꿰매 잇는다. (이 길이가 사진에 나온 큰 동그라미
  한 개 만들 수 있는 길이에요.)

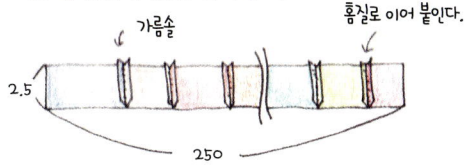

2 접착솜을 0.6cm 넓이로 여러 개 자르고 천 안에
  한 줄씩 넣고 감싼다.

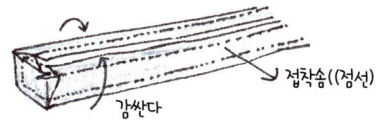

3 끄트머리부터 감침질한다. (쭉 한 빛깔로 꿰매지
  말고 여러 가지 빛깔실로 꿰매면 예뻐요.)

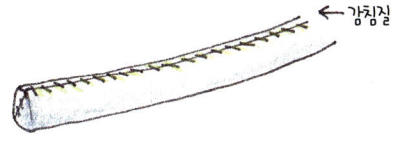

4 250cm까지 만들면 끄트머리를 안쪽으로 넣고 돌
  돌 만다. 풀리지 않게 군데군데 시침핀을 꽂은 뒤
  깊게 찔러 바늘땀을 넣는다. 꿰맬 때는 튼튼하게
  이어 붙일 수 있도록 실을 당기면서 반박음질 한
  다. (반박음질은 박음질 땀을 반만 떠서 하는 바느
  질이에요.)

5 끄트머리까지 모두 말아 꿰매면 뒤집어서 바닥쪽
  에서 10cm를 감침질해 마무리한다.

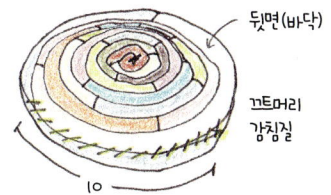

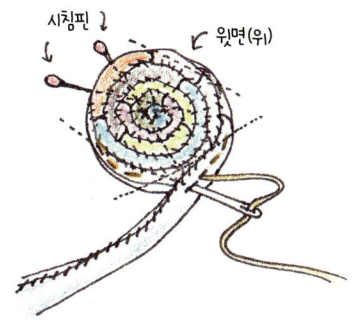

속닥속닥

• 작은 똬리를 여러 개 만들어서 옆으로 이어 붙여 만들
  수도 있어요.

비닐봉지 손잡이

장 볼 때 꼭 하나 있었음 좋겠어요.
무거워서 손이 얼얼해요.
부드럽게 폭신하게 들고 싶어요.

무거운 비닐봉지나 장바구니를 들 때 손수건이나 종이를 끼워 들기도 하지만
그래도 한참 들면 손바닥이 얼얼해져서 만들게 됐어요.
작아서 겉옷 주머니나 가방 앞주머니에 넣고 다니다가 바로 꺼내 쓸 수 있어요.
안감과 겉감에 접착솜을 덧대면 두 배로 폭신폭신해요.

11수 마 겉감 12 × 12cm, 손잡이 8 × 12cm, **11수 마** 안감 12 × 12cm
2온스 접착퀼팅솜 3 × 10cm , **4온스 접착퀼팅솜** 10 × 10cm 2장, 찍찍이 6cm
비닐봉지 손잡이 시접본, 비닐봉지 손잡이 접착솜본

1 시접본을 대고 안감과 겉감, 손잡이를 자르고 접
착솜본을 대고 접착솜도 자른다. 안감과 겉감은 4
온스 접착솜으로 자르고 손잡이천은 2온스 접착
솜으로 자른다.

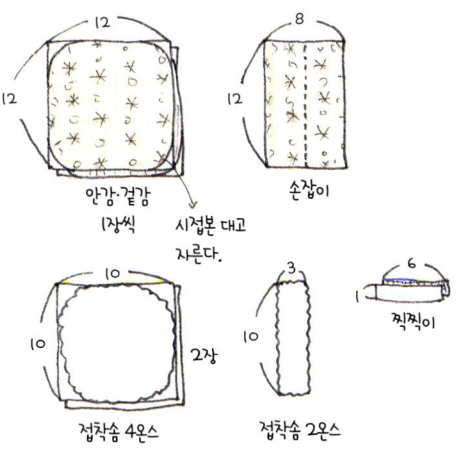

2 안감과 겉감에 접착솜을 붙이고 바늘땀을 넣는다.
(누빔으로 만들어요.) 손잡이천도 그림처럼 접착
솜을 붙인다.

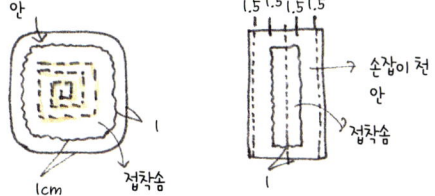

3 겉감 겉 왼쪽에 보슬한 찍찍이를 붙이고 안감 겉
왼쪽에 까끌한 찍찍이를 붙인다.

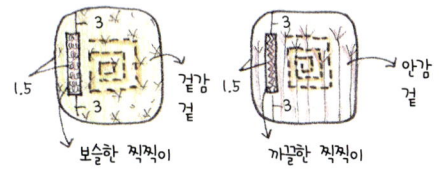

4 접착솜을 붙인 손잡이천을 길게 반 접어 홈질하고
가름솔 한다.

5 뒤집어서 이음매를 가운데 놓고 반 접어 둘레를
홈질한다. 위아래는 시접 1.5cm, 옆은 0.5cm.

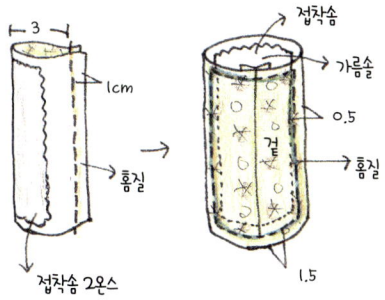

6 가운데를 잘 맞춰 손잡이천 이음매
가 겉감 겉과 마주 보게 놓고 밑에
안감 겉을 포개 한꺼번에 꿰맨다.
창구멍을 남기고 꿰맨다. 둥근 시접
에 가위집을 넣는다.

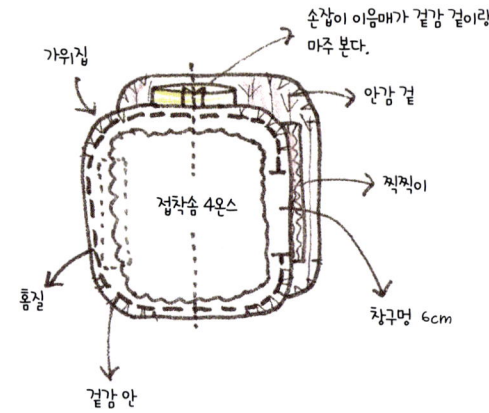

손잡이 이음매가 겉감 겉이랑
마주 본다.

가위집

안감 겉

찍찍이

접착솜 4온스

홈질

창구멍 6cm

겉감 안

7 뒤집어서 창구멍 시접을 안으로 잘
접어 넣고 빙 둘러 감침질해 마무리
한다.

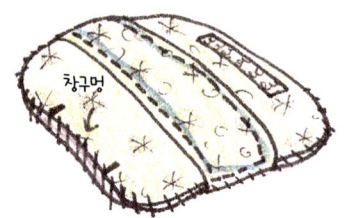

창구멍

속닥속닥

- 찍찍이는 위아래 한 쌍으로 되어 있어요. 이번 만들기에서는 보슬보슬한 쪽을 겉감 겉에 붙이고 까끌까끌한
쪽을 안감 겉에 달았어요. 바꿔 달아도 괜찮아요.

수수한 빛깔

유리병 주머니

들꽃이 어울릴까요.
장미가 어울릴까요.
유리병에 따뜻함을 더해요.

유리병은 참 쓰임이 많아요.

음료수병이나 와인병은 수수한 꽃병으로 쓸 수 있고 잼통은 단추 같은 부자재들을 넣어두기에 좋아요.

자투리 천과 손바느질을 곁들이면 한결 아기자기한 소품으로 만들 수 있어요.

20수 체크무늬 마 겉감 [병 둘레 + 시접 2] × 8cm, **30수 면** 안감 [병 둘레 + 시접 2] × 8cm
30수 면 끈 3 × 110cm (3 × 88cm 1줄, 3 × 11cm 2줄), **2온스 접착퀼팅솜** [병 둘레] × 6cm 1장
12mm 단추 5개

1 집에 굴러다니는 빈 병을 가져
와 둘레를 잰다. (높이는 시접
2cm 더한 8cm가 알맞지만
병이 짧으면 짧게 자르세요.)

2 안감과 겉감을 높이 8cm, 넓이는 '병 둘레+1+시접 2cm'로 해서 한 장
씩 자른다. 끈 만들 천도 자른다. (접착솜을 붙이면 부피가 늘어나서
안감까지 붙였을 때 병에 넣고 빼기가 힘들 수 있어요. 그래서 1cm를
더해 자른답니다.)

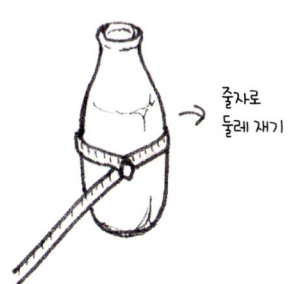

줄자로
둘레 재기

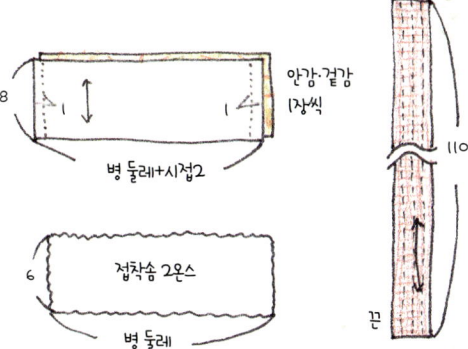

3 겉감에 접착솜을 붙인다. 시접 1cm.

4 겉감에 세로로 바늘땀을 넣어 꾸미고 단추를 단
뒤에 단추 둘레에 동그라미 모양으로 바늘땀을 넣
는다.

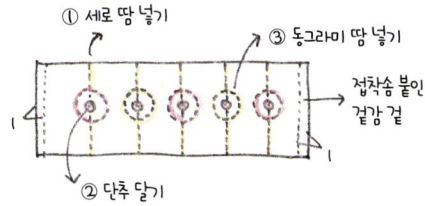

5 안감과 겉감을 옆으로 반 접어 홈질하고 가름솔
한다.

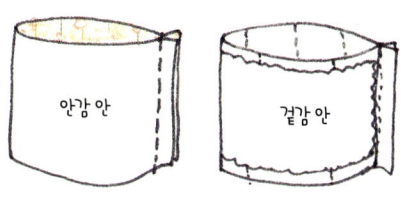

6 안감 겉감 모두 아래위 시접을 1cm씩 접는다.

7 넓이 3cm 끈을 0.75cm씩 두 번 접어 긴 끈 한 개
와 짧은 끈 두 개를 만든다. 홈질해 꿰맨다.

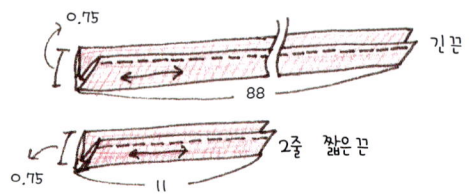

8 순서대로 안감에 끈을 단다. 시접은 모두 1cm.

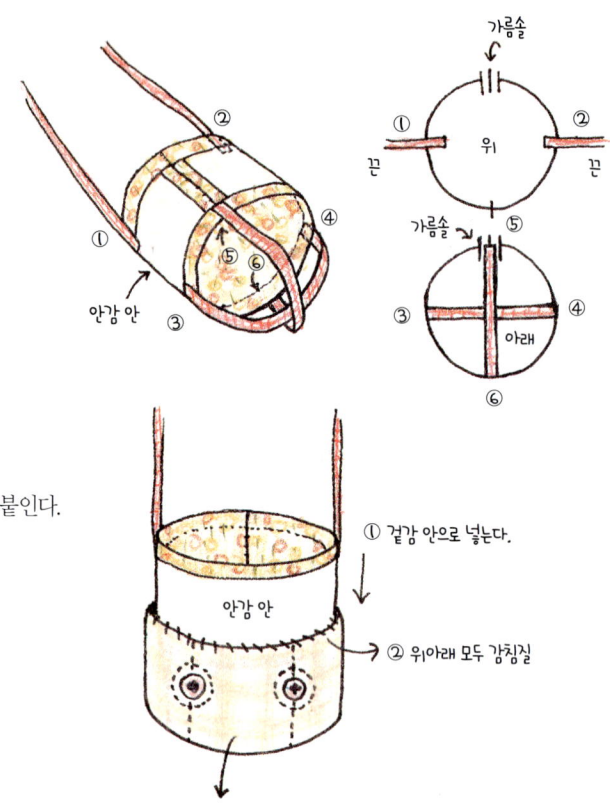

9 겉감에 안감을 넣고 감침질해 붙인다.

속닥속닥

• 단추 달 때 모양내는 바늘땀은 19쪽 토시 만들기에 나와 있어요.

• 끈이 너무 길다 싶으면 위쪽을 한 번 묶어 써도 좋고 만들 때 아예 짧게 만들 수도 있어요. 양쪽에 짧은 손잡
이를 달아도 예쁘겠네요.

유리병 주머니 이야기

유리병 주머니는 작업실 겸 가게 할 때 재활용 수업으로 처음 만들었어요.

사과주스를 담았던 호리호리한 병이라 그냥 쓰기에도 예뻤지만 이야기를 담고 싶었지요.

천을 잘라 꾸미고 끈을 달아 벽 한쪽에 걸어 두었답니다.

장미 한 송이만 꽂아도 꽤나 달라 보이더라고요.

두루마리화장지 싸기

너풀거리지 않아 좋아요.
볼 때마다 깔끔해요.
나무로부터.

바람 때문에 식탁 위 두루마리 화장지가 너풀너풀 춤을 췄어요.
화장지 싸개를 만들자 싶어서 바로 만들었지요.
나무로 종이를 만드니까 '나무로부터'라고 바늘땀을 새겨 넣고
화장지 자르는 선에 있는 동그라미를 살려 무늬로 꾸몄어요.
꽃그릇(화분)을 넣어 두어도 예쁠 듯싶어요.

20수 방울무늬 마 몸판 42 × 16cm, 바닥판 지름 14.5cm 동그라미
4온스 접착퀼팅솜 몸판 40 × 10cm, 바닥판 지름 12.5cm 동그라미
두루마리화장지 싸개 바닥판 시접본, 두루마리화장지 싸개 바닥판 접착솜본

1 천을 자르고 접착솜을 붙인다. 바닥판은 시접본과
  접착솜본을 대고 자른다.

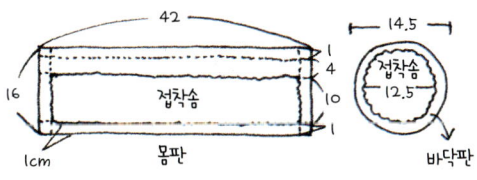

2 몸판에 '화장지 자르는 선' 무늬를 홈질과 박음질
  로 넣는다. 몸판 가운데 위쪽에 '나무로부터'라고
  바늘땀을 넣는다.

3 박음질과 홈질로 바닥판을 꾸민다.

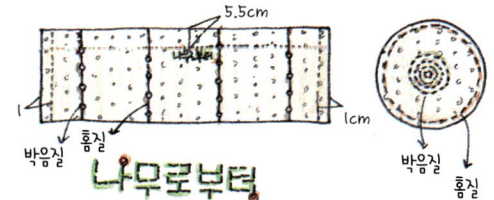

4 몸판을 옆으로 반 접어 홈질하고 가름솔 한 뒤 윗
  단을 1cm, 4cm로 두 번 접고 접은 끄트머리를 감
  침질한다. 위쪽은 홈질한다.

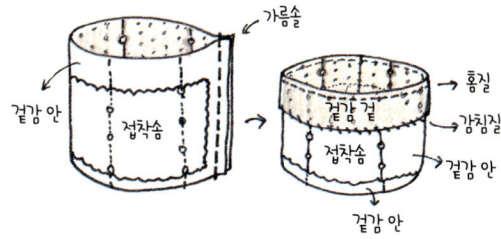

5 몸판과 바닥판을 겉끼리 마주 보게 놓고 홈질한
  다. 둥근 시접에 가위집을 넣는다.

6 뒤집는다.

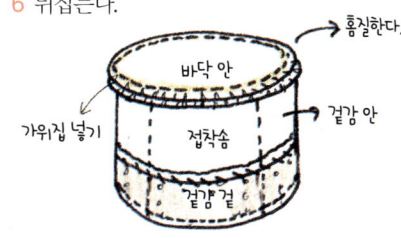

속닥속닥

• 바늘땀으로 천을 꾸밀 때 천에 있는 무늬를 살려 꾸미면 좋아요. 화장지 싸개를 만든 천은 같은 소재에 줄무
  늬도 있고 체크무늬도 있고 방울무늬도 있지만 일부러 방울무늬를 골라 만들었어요. 화장지에 있는 자르는 선
  무늬로 하면 맞겠다 싶었거든요. 이렇게 천 무늬를 살려서 꾸미면 보기에도 자연스럽고 만들면서 더 재미가
  있어요.

명함지갑

열고 닫기 좋아요.
끄트머리를 살짝 눌러 주세요.
쉽게 열고 한 번에 쏙~

지퍼랑 단추 말고 새로운 여밈이 없을까 고민하면서 만든 명함지갑이에요.
바네는 양쪽을 누르면 쉽게 열 수 있어서 쓰기에 좋아요.
9cm, 10cm, 12cm, 13cm, 15mm 길이에 따라 골라 쓸 수 있어요.

20수 줄무늬 마 겉감 14 × 9cm 2장, **30수 면** 안감 14 × 9cm 2장
30수 면 조리개 24 × 5cm 2장, **접착심지** 12 × 6cm 2장
두께 10mm 12cm 바네

1 겉감 두 장, 안감 두 장, 조리개천 두 장, 접착심지를 두 장 자른다.

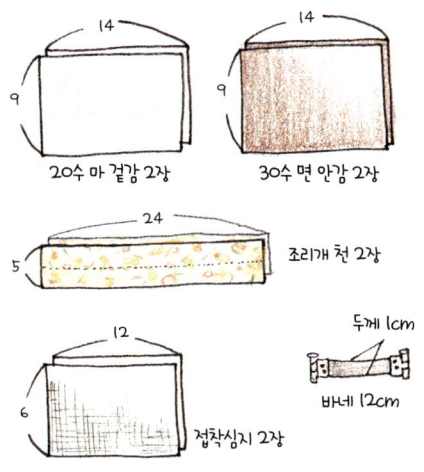

20수 마 겉감 2장
30수 면 안감 2장
조리개 천 2장
접착심지 2장
두께 1cm
바네 12cm

2 ①조리개천 양끝을 1cm씩 접어 홈질한 다음 ②반으로 접어 시침질한다. ③시침실을 당겨 11cm 길이로 주름을 잡은 뒤 홈질한다. ④시침실은 홈질한 뒤 뺀다. 똑같이 한 장을 더 만든다.

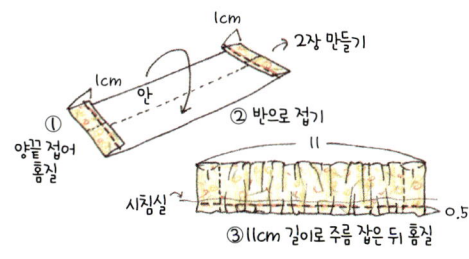

1cm
2장 만들기
1cm
안
①양끝 접어 홈질
②반으로 접기
시침실
11
0.5
③11cm 길이로 주름 잡은 뒤 홈질

3 앞판 겉감에 바늘땀을 넣어 꾸민다.

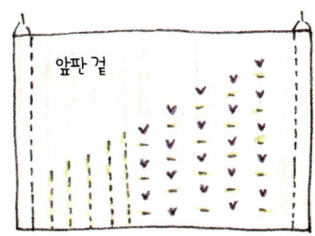

앞판 겉

4 앞판, 뒤판 겉감 안에 접착솜을 붙인다.

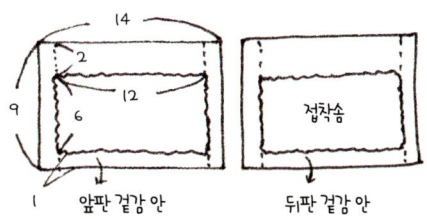

14
2
12
9
6
1
앞판 겉감 안
접착솜
뒤판 겉감 안

5 겉감을 겉끼리 마주 보게 포갠 뒤 윗단을 빼고 홈질한다. 모서리 시접을 살짝 자르고 뒤집는다.

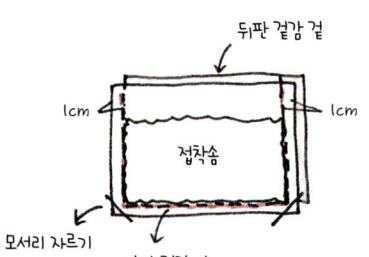

뒤판 겉감 겉
1cm
1cm
접착솜
모서리 자르기
앞판 겉감 안

6 겉감 윗단을 1cm 접고 조리개천을 단다. 양쪽으로 0.5cm씩 남기고 가운데를 맞춰 박음질해서 단다. 시접 1cm.

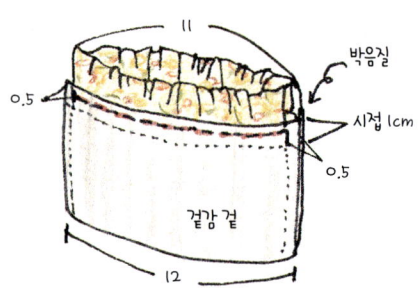

11
박음질
0.5
시접 1cm
0.5
겉감 겉
12

7 겉감과 같이 안감을 겉끼리 마주 보게 놓고 포갠 뒤 윗단을 빼고 홈질한다. 시접 1cm. 모서리 시접을 살짝 자르고 뒤집은 다음 윗단을 1cm 접는다.

8 겉감에 안감을 넣고 감침질해서 붙인다. 박음질 땀보다 살짝 위로 단다.

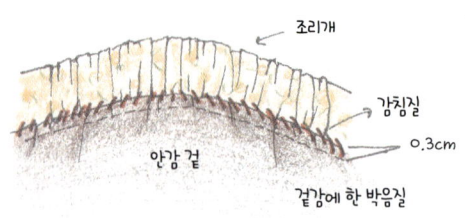

조리개
감침질
0.3cm
안감 겉
겉감에 한 박음질

9 조리개천에 바네를 넣는다. 나사를 빼서 앞뒤 조리개천 사이로 바네를 한 쪽씩 넣은 뒤 ①나사를 구멍에 끼우고 ②펜치로 눌러 넣는다.

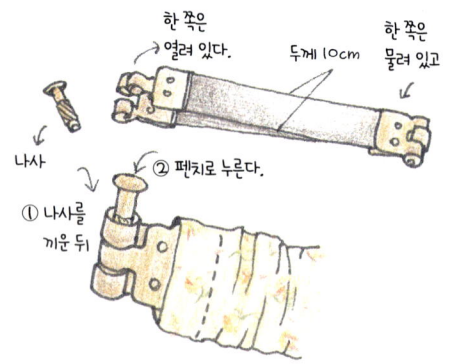

한 쪽은
열려 있다.
두께 10cm
한 쪽은
물려 있고
나사
② 펜치로 누른다.
① 나사를
끼운 뒤

속닥속닥

• 앞서 만든 화장지 싸개처럼 명함지갑도 천에 있는 무늬를 살려 바늘땀으로 꾸몄어요. 꼭 줄무늬 천으로 할 필요는 없어요. 무슨 천을 고르든 그 천에 담긴 무늬를 잘 살려 바늘땀으로 꾸미면 돼요.

• 명함은 카드랑 크기가 비슷하니까 카드지갑으로도 쓸 수 있어요.

종이에 누리집 주소를 찍고 바늘땀을 넣는다.
뒤쪽은 손글씨.
처음에는 책갈피처럼 길쭉하게 만들었는데
몇몇 분들이 명함집에 안 들어간다고 해서
이번에는 명함 크기로 잘랐다.
종이가 널찍해지니 재미 부릴 수 있어 좋다.
일부러 이리저리 마음대로 찍는다.
작은 종이 하나에도 내 이야기 곱다시 담고 싶다.

도장지갑

작지만 야무지게 담아요.
동글동글 도장지갑
손에 폭 담겨 좋아요.

도장 크기에 맞게 작은 원통으로 만들었어요.
도장은 잘 챙겨야 하는 물건이니까 단추나 끈 보다는 지퍼가 알맞을 듯싶어요.
꼼지락꼼지락 지퍼를 다는 일이 쉽지 않지만 다 만들고나면 뿌듯해진답니다.

11수 마 겉감 몸판 10 × 12cm
10수 마 안감 몸판 9 × 11cm, 옆면(겉감) 지름 5.5cm 동그라미 2장,
옆면(안감) 지름 5cm 동그라미 2장
접착심지 몸판 8 × 8cm 2장, 옆면 지름 3.5cm 동그라미 2장
26cm 지퍼 1개, 2mm 매듭끈 10cm, 8mm 나무알 1개
도장지갑 옆면 겉감본, 도장지갑 옆면 안감본, 도장지갑 접착심지본

1 겉감과 안감을 몸판과 옆면을 나눠 자르고 접착심지를 자른다. 옆면은 겉감본, 안감본, 접착심지본을 대고 자른다. (겉감과 안감에 모두 접착심지를 붙이면 부피가 늘어나서 안감은 조금 작게 자른답니다.)

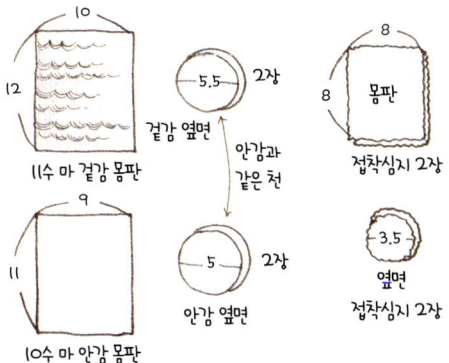

2 겉감 몸판과 겉감 옆면, 안감 몸판에 접착심지를 붙인다.

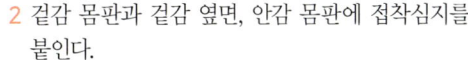
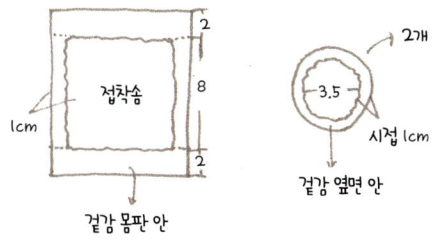

3 겉감 몸판과 옆면에 바늘땀을 넣어 꾸민다. 몸판 가운데 석 줄은 두 가지 빛깔로 꾸민다.

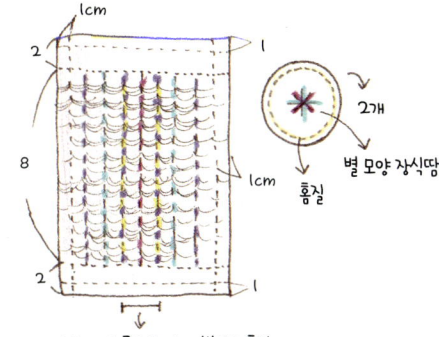

4 몸판 양끝을 1cm씩 접는다.

5 몸판 오른쪽에 지퍼 앞쪽(열면 벌어지는 쪽)을 1.5cm 앞으로 빼서 맞추고 양쪽 끄트머리를 1.5cm씩 남겨 박음질해 단다. 닫았을 때 지퍼 넓이를 1cm에 맞춰서 꿰맨다.

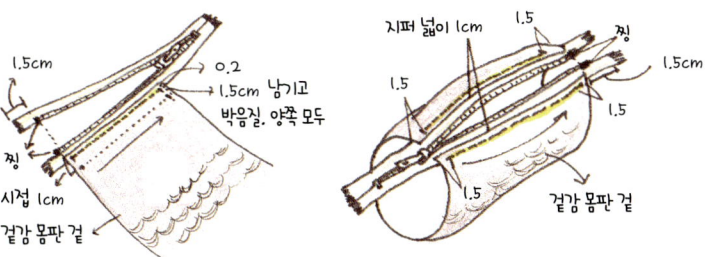

6 지퍼 뒤쪽에 바늘땀을 넣어 지퍼머리가 빠지지 않게
한 뒤 앞에서처럼 뒤로 1.5cm 남기고 자른다.

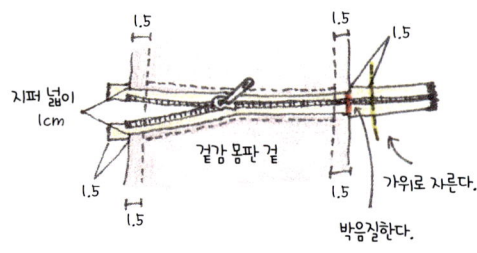

7 겉감 몸판과 양쪽 옆면을 겉끼리 마주 보게 놓고
촘촘히 홈질해 붙인다. 시접 1cm.

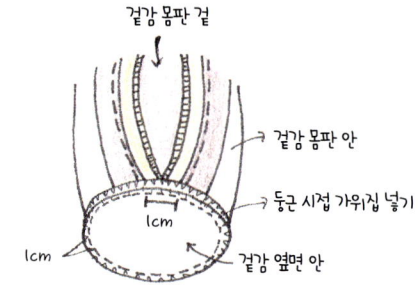

8 안감 몸판 양끝을 1cm 접은 뒤에 겉감처럼 옆면
을 붙인다. 옆면 둘레에서 지퍼 넓이 1cm를 빼고
몸판에 맞추어 붙인다.

9 겉감 몸판을 뒤집은 뒤 안감 몸판으로 감싸놓고
감침질로 붙인다. (겉감 안과 안감 안이 마주 보게
된답니다.)

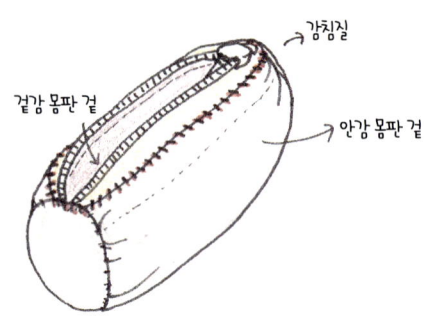

10 겉감이 밖으로 나오도록 다시 뒤집은 다음 지퍼
머리에 끈을 달고 나무알을 단다.

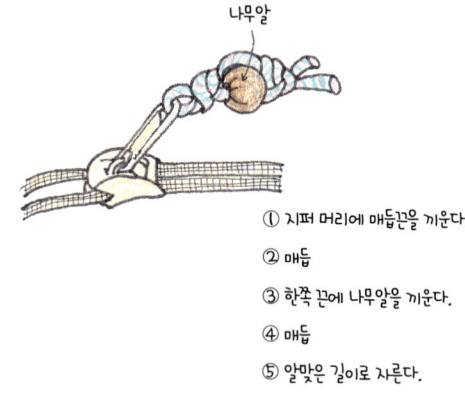

속닥속닥

- 작은 원통에 지퍼 달기, 어려우셨죠? 처음 달 때는 다 하고 나서 한쪽이 우글거리기도 하고 끄트머리가 안
맞기도 해요. 마음만큼 깔끔하게 되지는 않더라도 이렇게 지퍼 달기를 해보았으니 그것만으로도 아주 값지
답니다. 애쓰셨어요. 짝짝짝!!!

- 동대문에서 지퍼를 살 때는 하나씩 사지 말고 열 개나 스무 개씩 묶음으로 사면 좋아요. 하나 살 때보다 값
이 조금 내려간답니다.

볕이 좋은 날

04

포근한 한 땀

책 읽을 때 생각나요

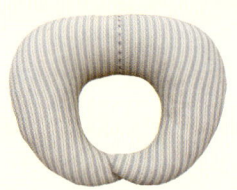

책 읽을 때 늘 곁에 두게 되는 책갈피와 연필.
가끔 집 말고 바깥에서 읽을 때 아쉬워지는 책싸개.
책 읽기에 빠져 목이 뻐근할 때 포근히 감싸주는 목베개.
조금씩 미끄러져 누워 읽을 때 슬그머니 끌어오는 베개도 하나쯤.
내 손으로 만드는 손바느질 책 읽기 소품.

책갈피

필통

책싸개

목베개

방석베개

책갈피

책갈피랑 연필이랑 만났어요.
밑줄 긋고 끼워 두고.
둘이서 오붓하게 지내요.

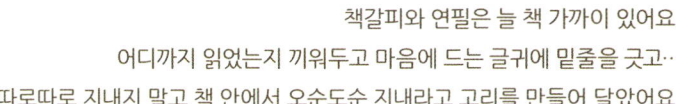

책갈피와 연필은 늘 책 가까이 있어요.
어디까지 읽었는지 끼워두고 마음에 드는 글귀에 밑줄을 긋고…
따로따로 지내지 말고 책 안에서 오순도순 지내라고 고리를 만들어 달았어요.

11수 마 앞판 7 × 16cm, **11수 마** 뒤판 7 × 16cm
40수 면 끈 1.5 × 12cm 1장, 고리 1.5 × 4.5cm 2장
접착심지 6 × 15cm, **2온스 접착퀼팅솜** 6 × 15cm, **자투리 천**
책갈피 시접본, 책갈피 접착심지본·접착솜본

1 시접본과 접착심지본을 대고 앞판, 뒤판, 끈과 고리, 접착심지와 접착솜을 자른다.

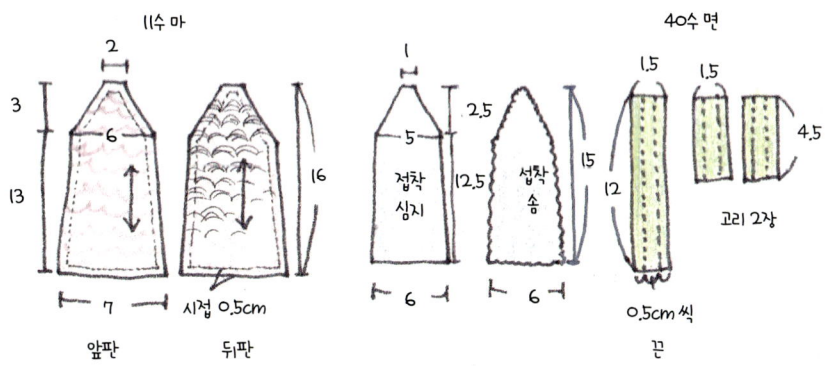

2 앞판에는 접착심지, 뒤판에는 접착솜을 붙인다. 시접 0.5cm.

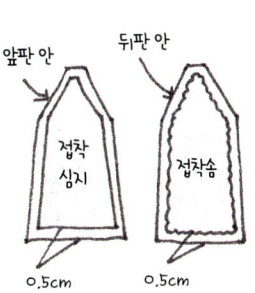

3 앞판에 자투리 천을 잘라 붙이고 바늘땀을 넣어 꾸민다.

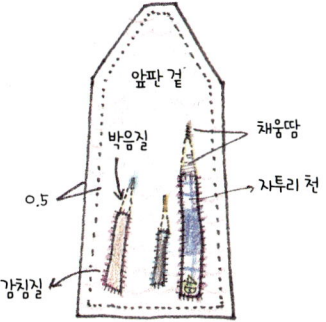

4 뒤판도 바늘땀을 넣어 꾸민다.

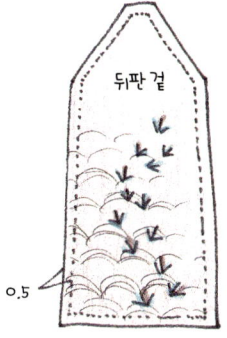

5 끈은 0.5cm씩 두 번 접은 다음 감침질한다.

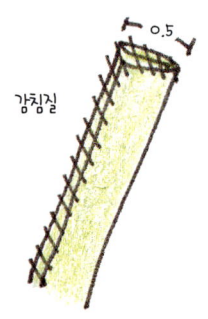

6 뒤판 시접을 0.5cm 접고 그 위에 끈과 고리를 단다. 시접은 0.5cm씩.

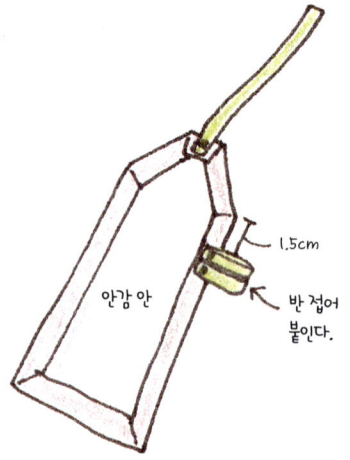

7 앞판도 시접을 0.5cm 접은 뒤 뒤판과 안끼리 마주 보게 포개어 감침질해 붙인다. 끈과 고리가 겹치는 곳은 촘촘히 홈질한다.

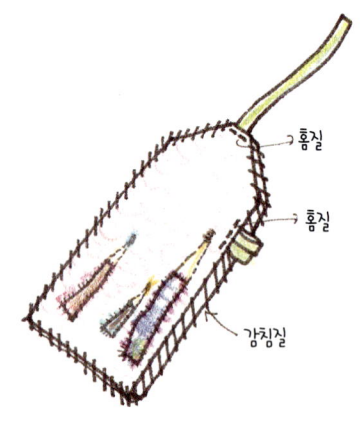

속닥속닥

- 앞판에 쓴 천은 연필로 그은 선처럼 보여서 연필 세 자루로 꾸몄고 뒤판 천은 파도처럼 보여서 바늘땀으로 새 발자국을 넣었어요. 앞뒤를 다른 분위기로 꾸미면 두 가지 느낌으로 쓸 수 있답니다.

어버이날,
꽃 한 송이.

필통

밑줄 긋기.
연필들이랑 볼펜들이랑
사이좋게 어우러져요.

책 읽다가 마음에 새겨두고 싶은 글귀를 만나면 꼭 밑줄을 긋게 돼요.
힘을 빼고 부드럽게 긋는 연필 느낌이 참 좋아요.
지우개도 넣고 가끔 느낌글 쓸 때 필요한 작은 종이도 함께 담고 싶어요.

11수 마 몸판 겉감 10 × 19cm 2장, 뚜껑 겉감 9.5 × 8.5cm
30수 줄무늬 면 몸판 안감 18 × 19cm 1장, 뚜껑 안감 9.5 × 8.5cm
2온스 접착퀼팅솜 몸판 8 × 17cm 2장, 뚜껑 7.5 × 6.5cm
12mm 단추 1개, 12mm 똑딱단추 1개
필통 뚜껑 시접본, 필통 뚜껑 접착솜본

1 몸판 안감은 그림처럼 한 장으로 자르고 겉감은 두 장 자른다. 접착솜
도 두 장 자른다. 뚜껑은 시접본과 접착솜본을 대고 겉감, 안감, 접착
솜을 한 장씩 자른다.

2 몸판 겉감 두 장과 뚜껑 겉감
에 접착솜을 붙인다.

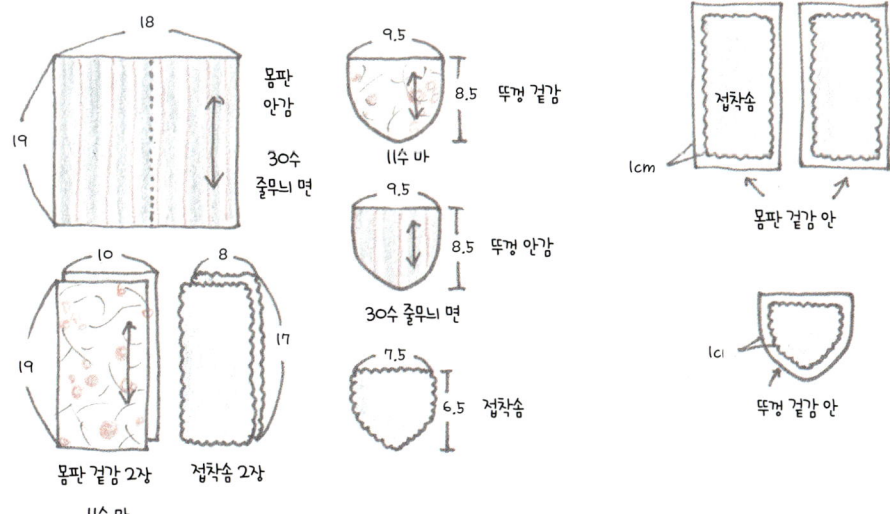

3 뚜껑 겉감에 바늘땀을 넣고 단추를 단다. 뚜껑 안감에는 볼록한 똑딱단추를 단다. 이때 안감 안에 접착솜
(2×2cm)을 덧대어 준다. (뒤에 솜을 덧대면 천이 덜 미어져서 튼튼히 오래 쓸 수 있어요.)

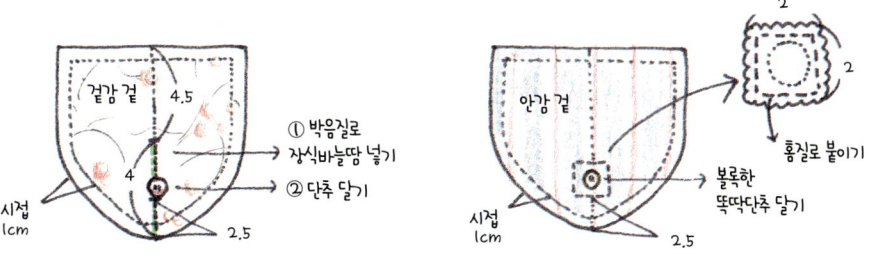

4 뚜껑 겉감과 안감을 겉끼리 마주 놓고 포갠 뒤 꿰맨 다음 뒤집어서 다시 빙 둘러 홈질한다. 0.2cm.

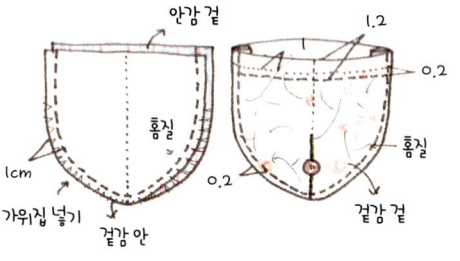

5 몸판 안감을 반 접어 꿰맨 뒤 가름솔 한다. 이음선이 뒤쪽 가운데로 오게 놓고 밑단을 꿰맨 다음 윗단을 1cm 접는다.

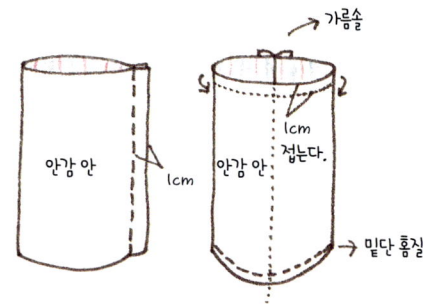

6 몸판 앞판에 천 무늬를 살려 박음질로 바늘땀을 넣어 꾸민다.

7 몸판 겉감 두 장을 겉끼리 마주 놓고 포갠 뒤 홈질한다. 가름솔 한 뒤 뒤집어서 윗단을 1cm 접는다.

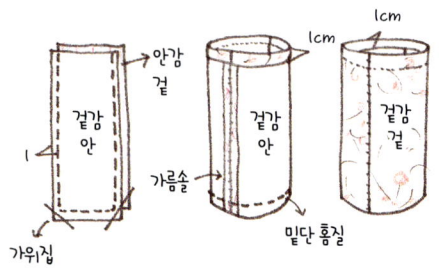

8 뒤판에서 뚜껑을 아래로 1cm 넣고 박음질해 붙인다. 몸판 앞판에 오목한 똑딱단추를 단다.

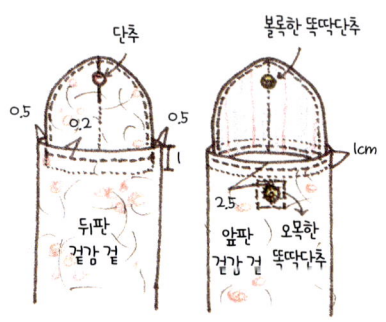

9 몸판 겉감에 안감을 넣고 윗단을 홈질해서 마무리한다.

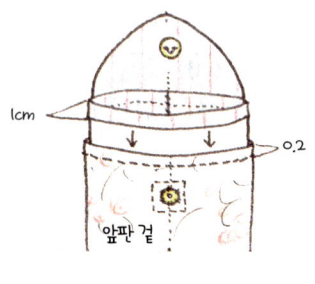

속닥속닥

- 똑딱단추 달기는 47쪽 아코디언주머니 가방 만들기에 나와 있어요.

아이들과 바느질 수업을 할 때
아이들 스스로 지은 별명을 적어
이름표를 만들어 선물했다.
광목에 섬유펜으로 쓰고
구름솜을 넣은 다음
뒤쪽에 옷핀을 꿰매 달았다.

책싸개

밖에서 책 읽을 때 자꾸 신경이 쓰여요.
살포시 감싸고 싶어요.
무슨 책 읽는지는 나만 알고 싶어요.

사람이 많은 곳에서 책을 읽을 때 다른 사람이 힐끔거리는 게 왠지 신경 쓰여요.
마음에 드는 책을 샀을 때는 오래오래 깨끗하게 보고 싶어요.
요럴 때 책싸개가 아쉬워져요.

11수 마 겉감 왼쪽 44 × 25cm, **20수 줄무늬 마** 겉감 오른쪽 15 × 25cm
10수 마 안감 57 × 25cm, **30수 면** 끈 2 × 29cm
4온스 접착퀼팅솜 55 × 23cm

1 겉감과 안감, 끈으로 쓸 천을 자른다.

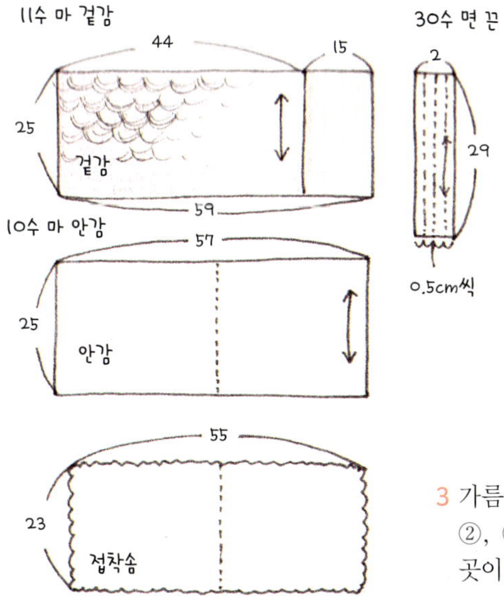

11수 마 겉감
44
15
25
겉감
59

30수 면 끈
2
29
0.5cm씩

10수 마 안감
57
25
안감

55
23
접착솜

2 겉감 두 장을 이어 붙이고 접착솜을 붙인다.

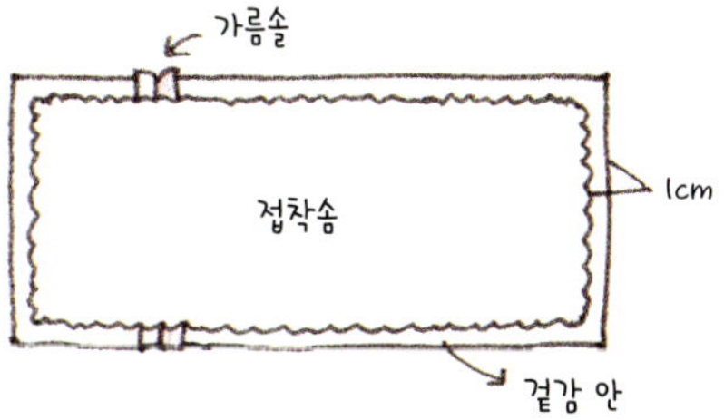

가름솔
접착솜
1cm
겉감 안

3 가름솔 한 이음선을 네 가지 빛깔로 바늘땀을 넣어 꾸미고 ①, ②, ③, ④는 두 가지 빛깔로 박음질해 꾸민다. (바늘땀 넣는 곳이 책등, 책날개처럼 책이 접히는 곳이에요.)

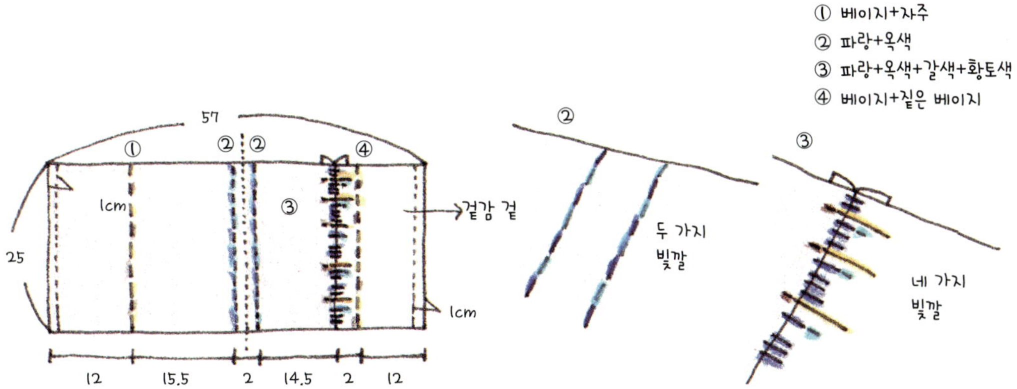

① 베이지+자주
② 파랑+옥색
③ 파랑+옥색+갈색+황토색
④ 베이지+짙은 베이지

57
① ② ② ④
1cm
③
25
겉감 겉
1cm
12 15.5 2 14.5 2 12

②
두 가지 빛깔

③
네 가지 빛깔

4 끈을 0.5cm씩 두 번 접어 홈질한다. 한쪽 끄트머리는 0.5cm 안으로 넣고 꿰맨다.

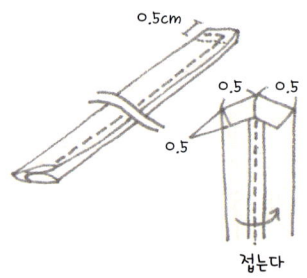

5 안감 가운데에 끈을 달고 겉감과 안감 겉끼리 마주 놓고 포갠 뒤 창구멍을 남기고 꿰맨다.

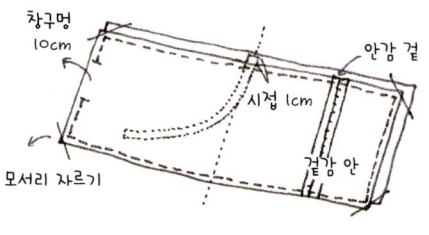

6 뒤집어서 창구멍을 감침질한다.

7 10cm씩 양쪽을 접고 아래위를 감침질해 붙인다.

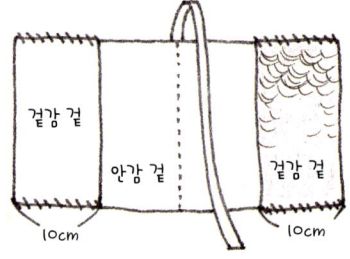

속닥속닥

- 폭신하게 만들고 싶어서 솜을 덧대었더니 책싸개 부피가 커졌어요. 책에 딱 맞게 하려면 솜을 빼고 만들어 보세요.

- 책 크기는 모두 들쭉날쭉, 넉넉한 크기로 만들면 다 들어가겠죠?

이 천은
대한방직에서 만들었고
오롯이 면으로 된 천이면서
열 가지 빛깔이 들어갔네요.

천 옆쪽 끄트머리를 살펴보세요.
천에 담긴 이야기들을 알 수 있어요.

목베개

한참 책을 읽으면 목이 뻣뻣해져요.
이럴 땐 목베개를 하고
살짝이라도 목을 움직여 주세요.

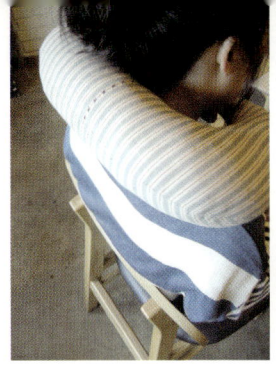

한참 책을 읽다 보면
목이 뻣뻣해져요.
목베개를 하고 잠깐이라도
목을 움직여 주세요.
그래야 오래오래 즐거이
읽을 수 있어요.

30수 줄무늬 면 46 × 38cm 2장, 구름솜

목베개 시접본

1 천을 반 접고 시접본 골선을 맞춰 앞판과 뒤판 한
장씩 자른다.

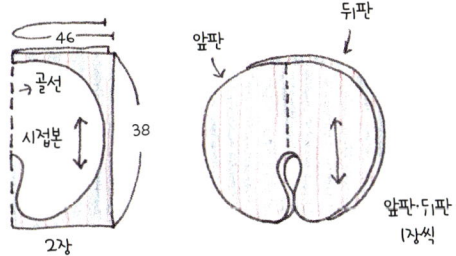

2 앞판과 뒤판에 바늘땀을 넣어 꾸민다.

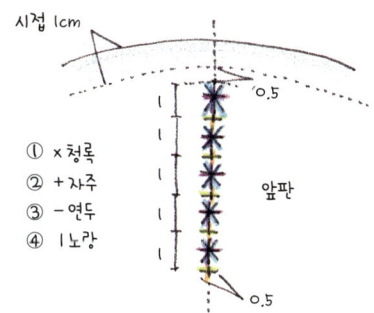

① × 청록
② + 자주
③ — 연두
④ ┃ 노랑

① 파랑
② 옥색
③ 노랑
④ 연보라

3 앞판과 뒤판을 겉끼리 마주 보게 포갠 뒤 창구멍을 남기
고 꿰맨다. 시접에 가위집을 넣는다.

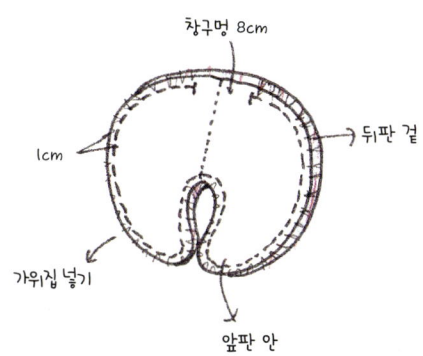

창구멍 8cm
뒤판 겉
1cm
가위집 넣기
앞판 안

4 뒤집어서 구름솜을 넣는다. (작은 덩어리를 여러 개
만들어서 넣어야 구석구석 쏙쏙 넣을 수 있어요.) 솜을
다 넣으면 창구멍을 감침질해 마무리한다.

속닥속닥

• '골선'은 오른쪽과 왼쪽 모양이 같을 때 반으로 접어 가운데가 되는 선을 뜻해요. 골선으로 자르라는 말은 천
을 반으로 접은 다음 접은 선에 딱 붙여서 시접 없이 반만 본을 뜨라는 뜻이에요. 이렇게 반만 잘라도 천을
펼치면 양쪽이 다 나와요. '데칼코마니'처럼요.

방석베개

방석과 베개가 만났어요.
펼치면 방석으로 돌돌 말면 베개로
책 읽을 때 그만이에요.

책 읽을 때 앉았다가 누웠다가 하잖아요.
끝에는 꼭 드러눕고요.
베개 가지고 오기 귀찮아서 앉은 자리에 있던
방석을 접어 베다가, 펼치면 방석이 되고
말면 베개가 되는 방석베개가 떠올랐어요.
면을 잘게 나누면 쉽게 말 수 있어요.
끄트머리에는 고무줄을 달았답니다.

20수 줄무늬 마 겉감 21 × 37cm, **20수 방울무늬 마** 겉감 14 × 37cm
20수 체크무늬 마 겉감 21 × 37cm, **30수 줄무늬 면** 겉감 식서로 5 × 37cm 1장, 푸서로 8 × 37cm 1장
30수 줄무늬 면 겉감 7 × 37cm, **10수 마** 안감 76 × 37cm
방울솜, 5.5mm 고무줄 25cm 2줄

1 앞판과 뒤판을 자른다. (앞판 천들 가운데 폭이 좁은 천은 푸서로도 잘라 보세요. 천 하나를 두 가지 무늬로 쓸 수 있어요.)

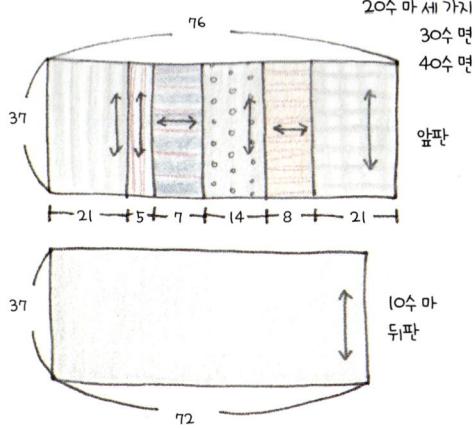

20수 마 세 가지
30수 면
40수 면

76

37

앞판

21 5 7 14 8 21

37

10수 마
뒤판

72

2 앞판 천들을 홈질해 이어 붙인다. 시접 1cm씩, 이어 붙였을 때 길이 72cm.

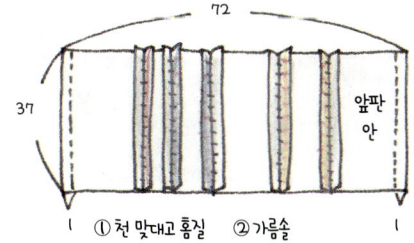

72

37

앞판
안

①천 맞대고 홈질   ②가름솔

3 가름솔 한 뒤 앞판에 바늘땀을 넣어 꾸민다.

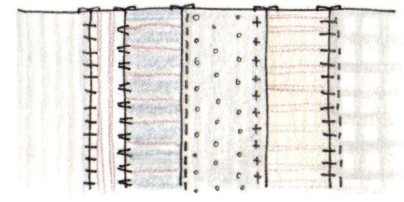

4 앞판에 고무줄을 반 접어서 단다.

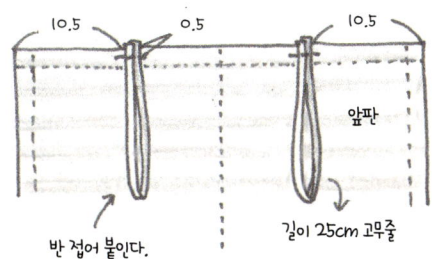

10.5   0.5   10.5

앞판

반 접어 붙인다.

길이 25cm 고무줄

5 앞판과 뒤판을 겉끼리 마주 놓고 포갠 뒤 위쪽만 남기고 홈질한다.

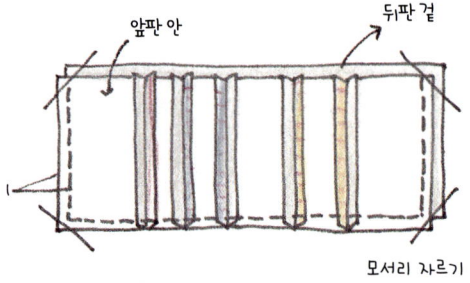

앞판 안

뒤판 겉

모서리 자르기

6 뒤집은 뒤 5cm씩 홈질하고 방울솜을 넣는다. 홈질할 때 끄트머리에서 2cm 남기고 홈질한다. (긴 막대기나 자로 솜을 밀어넣어 밑쪽부터 차곡차곡 넣으면 좋아요.)

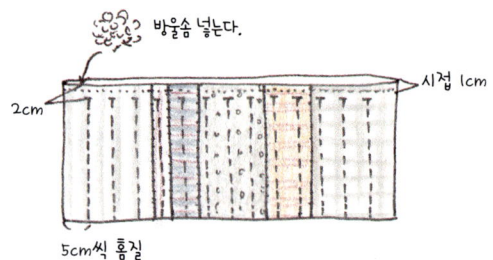

방울솜 넣는다.

시접 1cm

2cm

5cm씩 홈질

7 위쪽을 1cm 접고 감침질해 마무리한다.

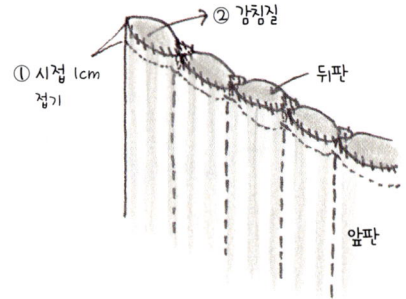

② 감침질

① 시접 1cm 접기

뒤판

앞판

속닥속닥

• 식서로 자른 뒤에 푸서로 하나 더 자르면 천 한 가지를 두 가지 무늬로 쓸 수 있어요. 다만, 폭을 좁게 잘라 쓸 때만 할 수 있어요. 폭이 넓어지면 옆으로 길이가 늘어나거든요.

• 솜을 넣은 뒤에 5cm씩 나눠 바느질을 하면 솜 부피 때문에 바느질하기 힘들어요. 그래서 먼저 바느질한 뒤에 솜을 넣는답니다.

• 고무줄 말고 끈을 달면 조금 더 멋스러울 듯싶어요.

체크무늬 좋은 점 : 수직, 수평 맞추기에 좋다.
체크무늬 안 좋은 점 : 줄 맞추느라 천이 많이 들어간다.

05

홀가분한 한 땀

나들이할 때 필요해요

일을 끝내고 홀가분하게 떠나는 나들이는 생각만 해도 즐거워져요.
손꼽아 기다리던 나들이인 만큼 나들이 때 들게 되는 소품들도
하나하나 신경 써서 고르게 되잖아요.
스스로 바라는 쓰임과 짜임대로 만든 여행소품이라면 쓰기에 편해서
어디에서든지 마음이 한결 느긋해지지 않을까 싶어요.

자투리 천 스카프

꼬마돗자리

캔버스가방

목걸이 카드지갑

손전화 주머니

여권가방

도시락가방

자투리 천 스카프

볼에 닿는 보드라운 느낌이 좋아요.
자투리 천들을 듬성듬성 붙여요.
빛깔 담은 스카프.

나들이 할 때 스카프는 쓰임이 많아요.
햇빛이 뜨거울 때 얼굴을 가릴 수도 있고 찬바람 불 때 몸에 두를 수도 있어요.
어딘가 앉아야 할 때 살짝 깔고 앉을 수도 있고
나라밖 나들이를 할 때는 가끔 얇은 이불처럼 쓸 수도 있어요.
보드라운 아사와 자투리 천으로 두루두루 쓰임 많은 면 스카프를 만들어 볼까요.

60수 아사 40 × 200cm, **자투리 천**

1 스카프 천을 자른다.

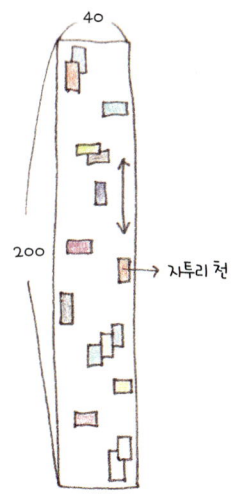

2 천 끄트머리를 0.2cm씩 두 번 접어 공그르기 한다. (공그르기는 15쪽에 나와 있어요.)

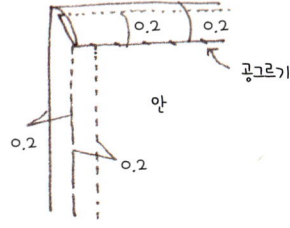

3 옆 그림처럼 스카프 천을 펼치고 군데군데 자투리 천을 올린 다음 시침핀으로 꽂는다.

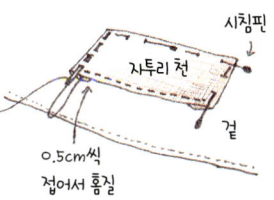

4 자투리 천 끄트머리를 0.5cm씩 안으로 접어서 촘촘히 홈질한다. (천이 성기지 않을 때는 감침질해도 좋아요.)

5 자투리 천들을 4와 같은 방법으로 꿰매 붙인다.

속닥속닥

• 넓고 긴 천을 오롯이 손바느질로 공그르기 하기가 쉽지는 않아요. 그렇지만 한 땀 두 땀 바늘땀을 넣다 보면 시나브로 마음이 느긋해진답니다. 바느질이 주는 즐거움이랄까요.

• 천 시장에 갈 때마다 하나둘 집어오는 자투리 천들 가운데 마음에 드는 천들은 따로 모아 두었다가 이렇게 살뜰하게 써보세요.

꼬마돗자리

가방에 쏙 들어가요.
다리쉼할 때 좋아요.
느긋한 한 평!

돗자리를 작게 만들면 가방 안에 넣고 다니다가
필요할 때 손쉽게 꺼내 쓸 수 있어요.
물기 머금은 풀숲에서도 홀가분하게 앉을 수 있게
방수천으로 만들어 볼까요?
알콩달콩 사이좋게 붙어 앉을 꼬마돗자리를 만들어요.

30수 면 윗판 92 × 62cm, 여밈 17 × 13cm
방수천 아랫판 92 × 62cm, 손잡이·끈 3 × 19cm 4장

1 천을 자른다.

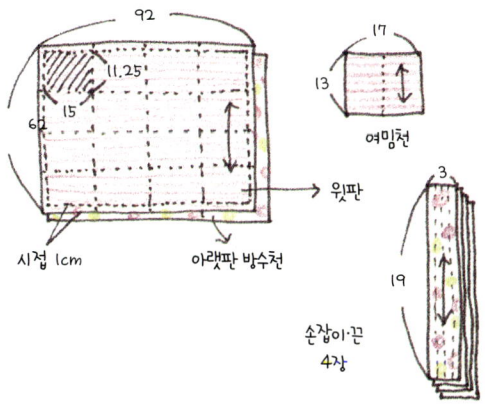

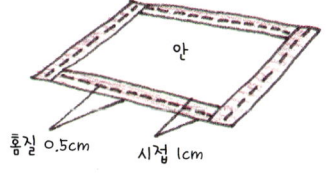

2 여밈천을 1cm씩 접어 홈질한다.

안

홈질 0.5cm   시접 1cm

3 손잡이와 끈으로 자른 천 넉 장을 모두 0.75cm씩
두 번 접어 홈질한다. 여밈천 양쪽에 꿰매 붙인다.

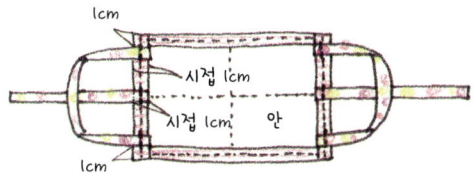

4 3에서 만든 여밈천을 1 그림에서 빗금친 자리에
가운데를 맞춰 홈질해 붙인다.

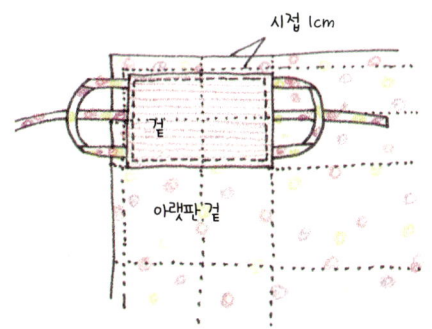

5 윗판과 아랫판을 겉끼리 마주 놓고 포갠 뒤 창구
멍을 남기고 홈질한다. 시접 1cm.

6 뒤집어서 창구멍 시접을 안으로 잘 접어 넣고 빙
둘러 홈질해서 마무리한다.

7 옆으로 두 번 접고 아래로 두 번 접은 뒤 끈으로
묶는다.

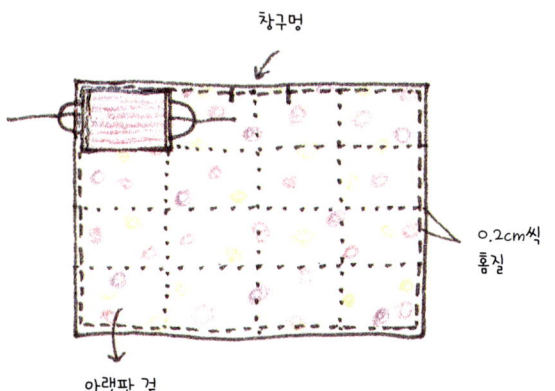

창구멍

0.2cm씩
홈질

아랫판 겉

속닥속닥

• 살이 부러지거나 고장 나서 못 쓰는 우산천으로도 만들 수 있어요.

꼬마돗자리 이야기

재활용 바느질 수업에서 현수막 돗자리를 만들었어요.

한 사람 앉을 만하게 자르고 비닐 천막지로 덮개와 끈을 달았지요.

바느질을 하던 아이들이 만들자마자 쓸 수 있겠다고 해서 기뻤답니다.

살려 쓰는 만들기이면서 쓰임이 오롯한 만들기를 한 까닭을 알아주는구나 싶어서요.

언젠가 나들이 가서 이 돗자리를 쓰게 되었어요.

풀숲에 앉아 한참 이야기 하다가 일어섰는데 친구 바지가 노랗게 되어버렸어요.

물기 때문에 현수막에 쓴 잉크가 배어나왔던 거에요.

수업으로 하기 앞서 먼저 써봤어야 했는데 머리로만 만들어서 친구와 아이들에게 참 미안했어요.

이번 꼬마돗자리에서 방수천으로 만들게 된 까닭이에요.

캔버스가방

홀가분하게 걷고 싶을 때
무거운 배낭 풀고 가벼이 들어요.
마음도 덩달아 살랑살랑-

캔버스가방은 가방 만들기에서 기본이라고 할 수 있을만큼 쉽게 만들 수 있어요.
장을 보거나 가까운 마실을 가거나 여행지에서 배낭 벗고 홀가분하게
다니고 싶을 때 들면 안성맞춤인 가방이지요.
가방은 어떻게 만드는지 밑단은 어떻게 잡는지 차근차근 알아볼까요?

10수 마 몸판 38 × 76cm 1장, 주머니 22 × 42cm 1장, 끈 10 × 62cm 2장
자투리 천

1 천을 자른다. 몸판과 주머니판은 아래위가 붙은
　한 장으로 자른다.

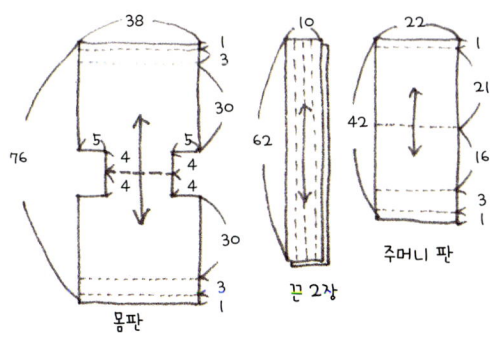

2 주머니천 끄트머리를 모두 감침질한다.

3 주머니천 밑단을 1cm, 3cm로 두 번 접어 홈질한
　뒤 양옆을 박음질해 붙인다. 주머니 윗단 모서리
　양쪽 모두 세모꼴로 박음질한다. (뜯어지기 쉬운
　곳을 이렇게 세모꼴로 박음질하면 튼튼하게 오래
　쓸 수 있어요.)

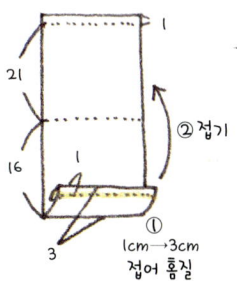

4 몸판 아래위를 겉끼리 마주 보게 반 접고 양쪽을
　홈질한 뒤 가름솔 한다.

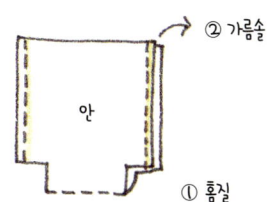

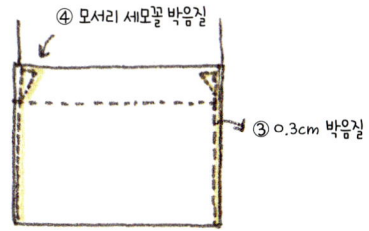

5 윗단을 1cm, 3cm로 두 번 접은 뒤 가운데를 맞춰
 주머니판을 1cm 끼워 넣는다. 시침핀을 꽂고 빙
 둘러 홈질한다.

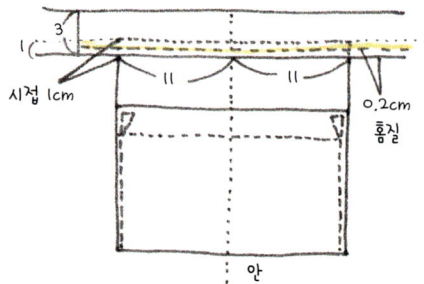

6 왼쪽 그림처럼 밑단에서 ①과 ②를, ③과 ④를 마
 주 잡아 오른쪽 그림처럼 박음질한다. 시접 1cm.
 나머지 한쪽도 똑같이 만든다.

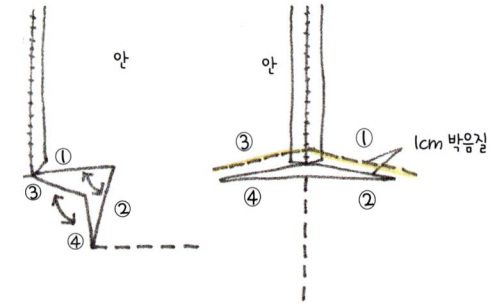

7 끈을 0.5cm씩 두 번 접어 홈질하고 끄트머리 양쪽
 은 감침질한다. 나머지 하나도 똑같이 만든다.

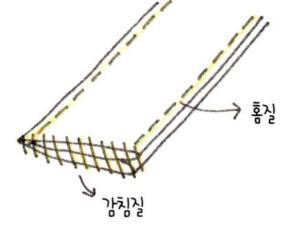

8 몸판 윗단에 끈을 달고 ×로 바늘땀을 넣는다.

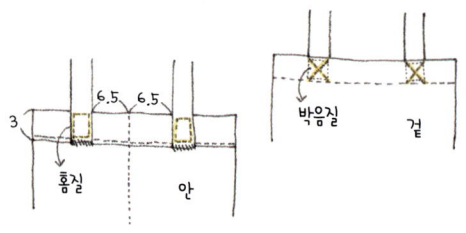

9 자투리 천 석 장을 꿰매 붙이고 바늘땀을 넣어 꾸민다.

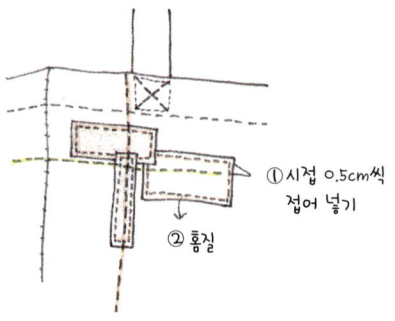

속닥속닥

• 캔버스가방은 바닥면 있는 가방과 바닥면 없는
 가방으로 나뉘어요. 바닥면을 넣고 싶을 때는 재
 단할 때 미리 밑단을 따로 그려서 만들어야 조금
 더 쉬워요. 다 만든 뒤에도 옆 그림처럼 밑단을
 잡을 수 있지만 조금 번거롭답니다.

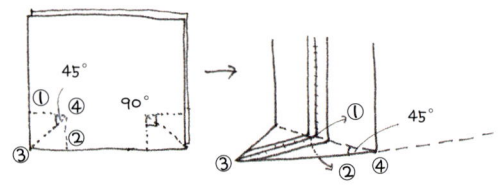

자르지 않고 표시한 뒤 대각선으로 잡아당겨 ①과 ②를 포갠다.

두꺼운 종이를 자른다.
한쪽에 누리집 주소를 찍는다.
단추를 쪼로록 꿰맨다.
둘레 벗에게 선물한다.

목걸이 카드지갑

버스 탈 때도 계산할 때도
바로 꺼내 쓸 수 있어 좋아요.
쏙 빼고 쏙 넣고~

곧잘 쓰는 버스카드나 현금카드는 목걸이 카드지갑에 넣고 쓰면 한결 편해요.
신경 쓸 일이 많은 여행지에서도 앞쪽에 걸고 쓰니까 조금은 마음이 놓여요.
똑같이 만들어서 파는 목걸이 카드지갑은 통 마음이 가지 않아요.
내 느낌 담아 곱다시 만들어 보세요. 멀리서도 반짝반짝 돋보여요.

11수 마 몸판 겉감 10 × 13cm 2장
11수 마 주머니 10 × 10.5cm 2장, 여밈 3.5 × 6cm 2장
30수 면 몸판 안감 10 × 13cm 2장
접착심지 몸판 8 × 11cm 2장, 8 × 8.5cm 1장
4온스 접착퀼팅솜 2 × 2cm 1장
12mm 나무단추, 12mm 똑딱단추, 12mm 납작한 면끈 5cm, 2mm 매듭끈 90cm

[주머니판 만들기]

1 주머니천과 접착심지를 자른다.

2 주머니 앞판에 접착심지를 붙인 다음 주머니 앞판
과 뒤판을 겉끼리 포갠 뒤 윗단을 꿰매고 뒤집어서
두 가지 빛깔로 바늘땀을 넣어 꾸민다.

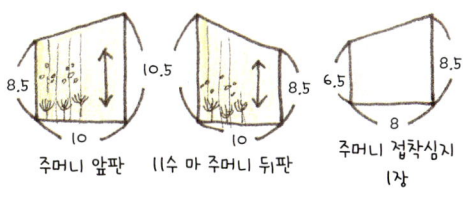

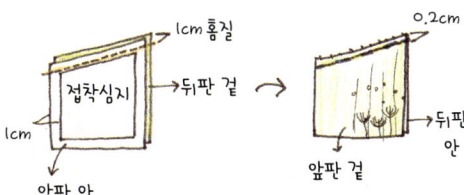

[여밈고리 만들기]

1 천을 자른다.

2 겉감에 두 가지 빛깔로 바늘땀
을 넣어 꾸민다.

3 안감에 접착솜을 붙이고 겉에
볼록한 똑딱단추를 단 다음 두
가지 빛깔로 바늘땀을 넣어 꾸
민다.

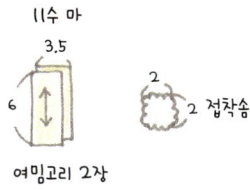

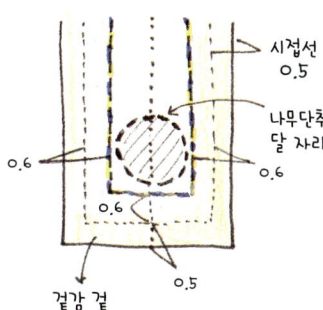

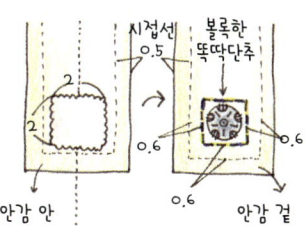

4 겉감과 안감을 겉끼리 마주 놓
  고 포갠 뒤 위쪽만 남기고 홈질
  한다.

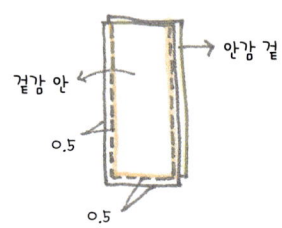

5 뒤집은 다음 앞쪽 2 그림에서
  빗금친 자리에 단추를 단다.

[몸판 만들기]

1 겉감으로 앞판과 뒤판 한 장씩 자르고 접착심지를
  붙인다. 시접 1cm.

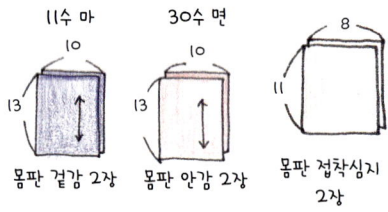

2 앞에서 만든 주머니 판을 뒤판에 올리고 앞판 겉
  이 마주 보게 포갠 뒤 윗단만 남기고 꿰맨다.

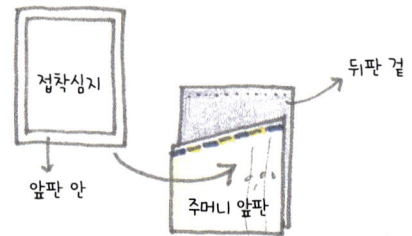

3 뒤집어서 그림처럼 윗단을 1cm 접은 다음 0.6cm
  밑으로 가운데를 맞춰 오목한 똑딱단추를 단다.

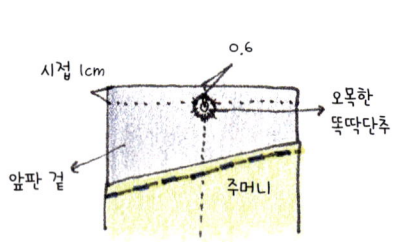

4 뒤판에 여밈고리와 끈고리를 한꺼번에 넣고 꿰맨
  다음 두 가지 빛깔로 바늘땀을 넣어 꾸민다.

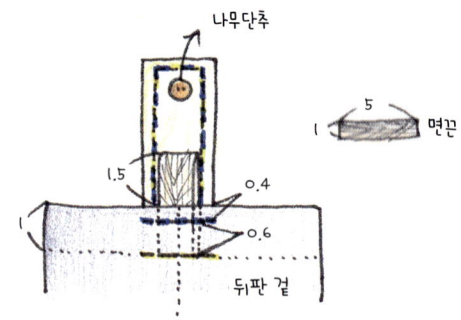

5 몸판 안감을 겉끼리 마주 놓고 포갠 뒤 윗단만 남
  기고 꿰맨다.

6 윗단을 1cm 접는다.

7 안감을 겉감 안에 넣고 홈질해 붙이고 끈고리에
  끈을 단다.

속닥속닥

- 똑딱단추 달기는 47쪽 아코디언주머니 가방 만들기에 나와 있어요.
- 똑딱단추 달 때 뒤쪽에 퀼팅솜을 덧대면 튼튼하게 오래 쓸 수 있어요.

뒤죽박죽이 된 다섯 가지 1mm 콩(?) 가르기

'반짝반짝
콩이 빛나는 밤에'

손전화 주머니

손전화만 쏘옥~
한결 손이 홀가분해져요.
배터리도 이어폰도 함께 넣어요.

손전화는 어딜 가든 꼭 들고 다니잖아요.
치마를 입거나 주머니가 없는 옷을 입을 땐 애물단지처럼 느껴지구요.
손이 홀가분해질 수 있도록 작은 손전화 주머니를 만들어 볼까요.
안쪽에 주머니가 있어 배터리와 이어폰도 함께 넣을 수 있어요.

11수 마 겉감 14 × 20cm 2장
30수 면 안감 14 × 20cm 2장, 주머니 14 × 30cm 1장
2온스 접착퀼팅솜 12 × 18cm 2장
자투리 천 앞쪽 꾸밈 5 × 10cm
12mm 납작한 면끈 5cm 2줄, 3mm 스웨이드끈 126cm, 12mm 나무단추 1개, 6mm 단추 5개
손전화 주머니 시접본, 손전화 주머니 접착솜본

1 천을 자른다. 안감주머니는 천을 반 접어 골선에 맞추고 한 장으로 자른다.

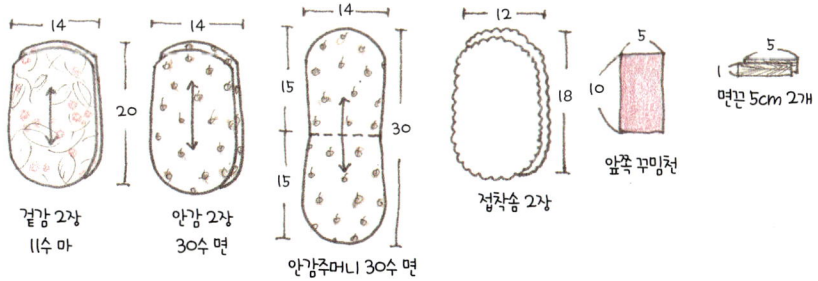

2 안감 주머니천을 안끼리 마주
  보게 접고 윗단을 0.3cm씩 석
  줄 홈질한다.

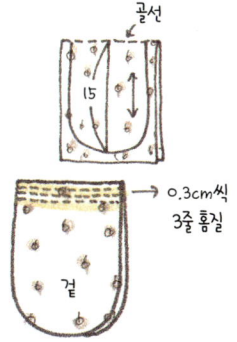

3 안감 위에 2에서 만든 주머니
  천을 포개어 놓고 나머지 안감
  한 장을 겉끼리 마주 보게 덮어
  홈질한다. 시접 1cm. 둥근 시접
  에는 가위집을 넣는다.

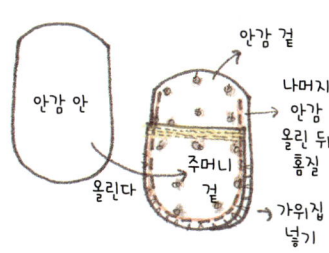

4 겉감에 가운데를 맞춰 자투리
  천을 올린 다음 홈질해 붙인다.
  시접을 아랫단 1cm, 양옆은
  0.5cm씩 안으로 접어 넣는다.

5 겉감 두 장에 접착솜을 붙인다.

6 겉감에 붙인 자투리 천에 단추를 단다.

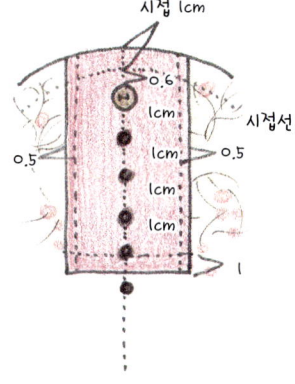

7 나머지 겉감 한 장에 가운데를 맞춰 6cm로 자른 스웨이드끈을 반 접어 달고 면끈도 반 접어 끄트머리에서 1.5cm 밑에 단다. 시접 0.5cm에서 박음질한다.

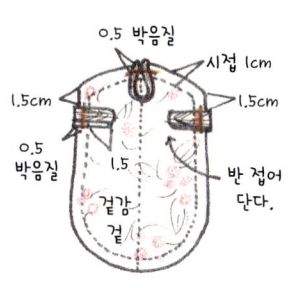

8 겉감을 겉끼리 마주 보게 포갠 뒤 윗단만 남기고 빙 둘러 홈질한다.

9 둥근 시접에 가위집을 넣고 뒤집는다.

10 안감과 겉감 모두 윗단 시접을 1cm씩 접은 뒤에 안감을 겉감 안에 넣고 감침질해 마무리한다. (윗단이 둥글어서 시접에 가위집을 살짝 넣어주면 좋아요.)

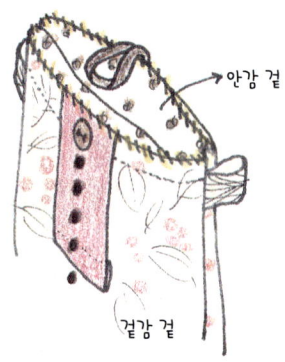

11 스웨이드끈을 양옆 고리에 끼워 단다.

속닥속닥

- 요즘은 넓적하게 큰 손전화들이 많죠? 만들기 앞서 손전화 크기를 잰 뒤 알맞게 만들어도 좋겠어요.
- 끈은 쓰는 사람에 맞는 길이로 자르세요.

너무 오래 써서 너덜거리는 본도 있고
한 번 만들고 더는 안 써서 빳빳한 가방본도 있다.
가방모양은 같지만
무슨 천을 쓰느냐에 따라서,
무슨 뼈대로 만드냐에 따라서,
무슨 꾸밈을 넣는지에 따라서
다 달라진다.
손으로 만드는 가방이 주는 즐거움과 맛.

여권가방

잘 챙겨야 할 물건들도
자주 꺼내 써야 할 물건들도
내 눈과 손이 잘 닿는 앞쪽에 둘래요.

여행가면 챙겨야 할 물건들이 많죠?
여권, 수첩, 지도, 책, 볼펜, 돈까지.
배낭에 넣으면 아무래도 꺼낼 때 좀 불편해요.
앞으로 매고 차곡차곡 안쪽 주머니에
잘 정리해서 넣으면 여행이 조금 더 즐거워져요.

11수 마 겉감 34 × 22cm
30수 면 안감 34 × 22cm, 앞주머니 14 × 26cm, 끈 덮개 4.5 × 5.5cm 2장
20수 마 체크무늬 안주머니 34 × 28cm
4온스 접착퀼팅솜 31 × 19.5cm
접착심지 몸판 31 × 19.5cm, 앞주머니 12 × 12cm, 안주머니 32 × 13cm
60cm 지퍼 1개, 6mm 넉줄꽈배기 끈 120cm, 2mm 매듭끈 20cm, 13mm 나무비즈 4개

1 천을 자른다.

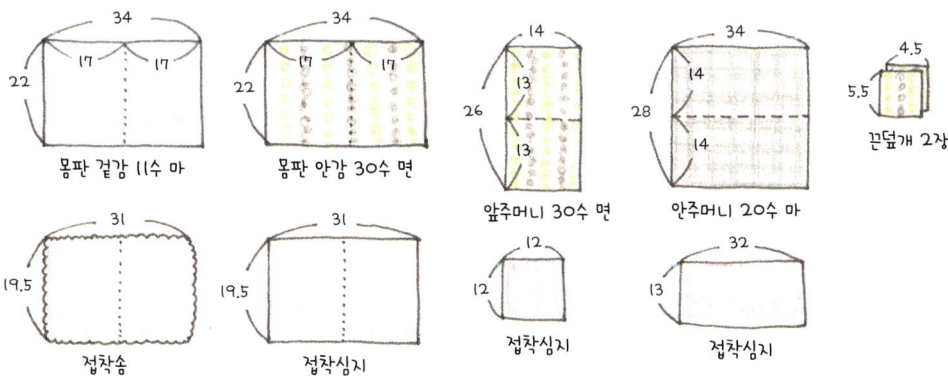

34
17 | 17
22
몸판 겉감 11수 마

34
17 | 17
22
몸판 안감 30수 면

14
13
26
13
앞주머니 30수 면

34
14
28
14
안주머니 20수 마

4.5
5.5
끈덮개 2장

31
19.5
접착솜

31
19.5
접착심지

12
12
접착심지

32
13
접착심지

2 안감과 안주머니에 접착심지를 붙인다. (시접 넓이를 잘 보세요.)

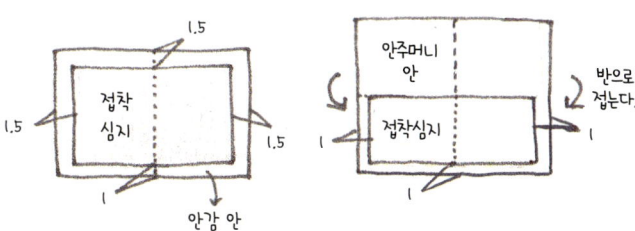

1.5
접착
심지
1.5 | 1.5
1
안감 안

안주머니 안
접착심지
반으로 접는다.
1

3 접착심지를 붙인 안주머니를 반 접고 윗단 0.5cm 밑에 두 가지 빛깔로 바늘땀을 넣어 꾸민다.

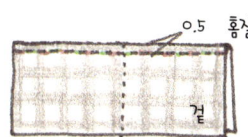

0.5 홈질
겉

4 안감에 주머니를 올리고 양옆과 밑단을 홈질해 붙인다. 0.5cm.

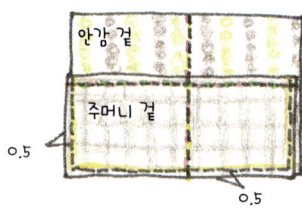

안감 겉

주머니 겉

0.5

0.5

5 앞주머니에 접착심지를 그림처럼 붙이고 시접을 1cm씩 접은 다음 반으로 접는다.

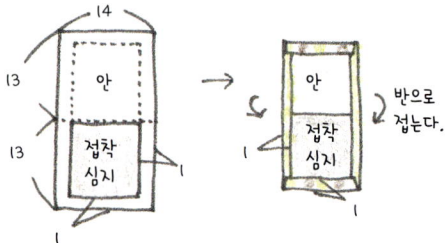

14

13

13

안

접착심지

1

안

접착심지

1

반으로 접는다.

1

1

6 5에서 만든 앞주머니 윗단 2cm 밑에 네 가지 빛깔로 바늘땀을 넣어 꾸민다.

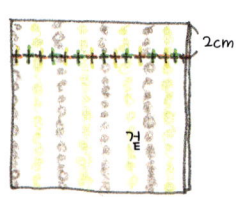

2cm

겉

7 겉감에 접착솜을 붙인다. (시접 넓이를 잘 보세요.)

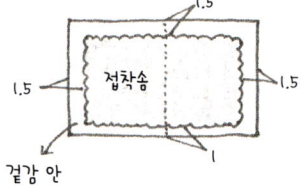

1.5

1.5

1.5

접착솜

겉감 안

1

8 겉감을 2.5cm씩 안쪽에서 홈질하고 가운데에도 홈질해 바늘땀을 넣는다.

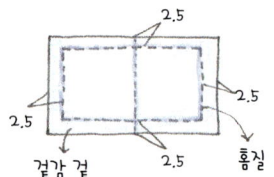

2.5

2.5

2.5

2.5

2.5

겉감 겉

홈질

9 겉감 오른쪽에 앞주머니를 감침질해 붙이고 나무 비즈를 단 다음 바늘땀을 넣어 꾸민다.

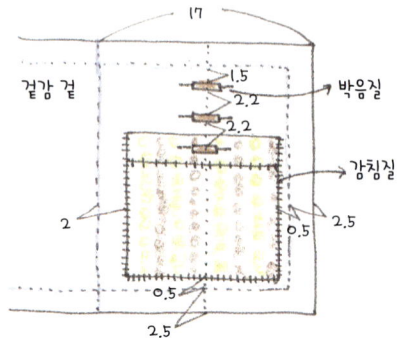

17

겉감 겉

1.5

2.2

2.2

박음질

감침질

2

0.5

2.5

0.5

2.5

10 끈 덮개 두 장 모두 시접 1cm씩 접는다.

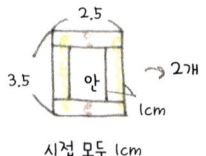

2.5

3.5

안

2개

1cm

시접 모두 1cm

11 겉감 왼쪽에 끈 덮개를 양쪽에 놓고 시침핀으로 꽂는다.
① 연둣빛처럼 박음질하고 ② 끈을 넣은 뒤 ③ 파란빛처럼 박음질해 마무리한다. 끈 시접은 1.5cm.

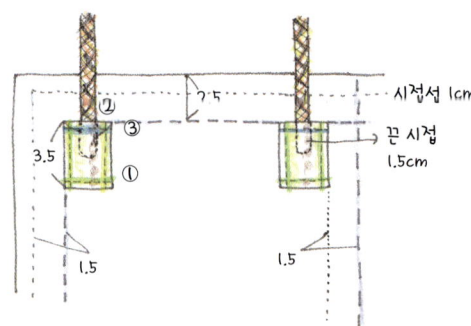

2.5

②
③
①

3.5

시접선 1cm

끈 시접
1.5cm

1.5

1.5

12 겉감에 지퍼 한 쪽을 단다. ①처럼 가운데에서 0.5cm 뒤로 지퍼 끝을 맞추고 지퍼 시접을 0.5cm 로 맞추어 박음질한다. 0.2cm. 천이 꺾이는 모서리에서는 ②처럼 지퍼를 꺾어 접은 뒤에 시침핀 으로 꽂아놓고 꿰맨다. 끄트머리는 ③처럼 시접에서 1cm 남기고 꿰맨다. 지퍼를 닫아 지퍼머리 가 빠지지 않게 하고 겉감 시접에 맞춰 지퍼를 자른다.

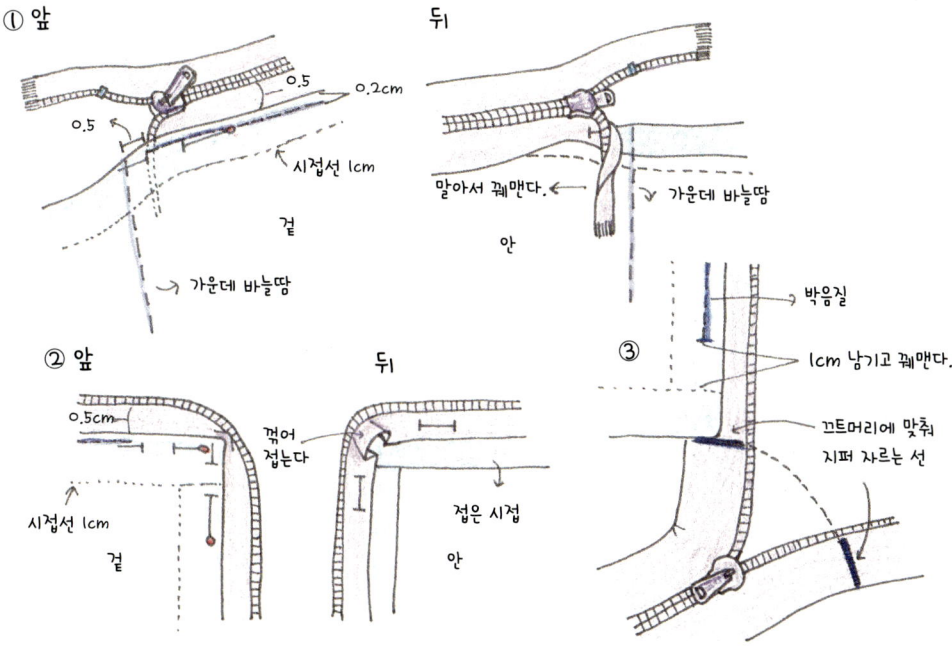

13 지퍼 나머지 한 쪽은 반대로 끄트머리부터 꿰맨 다. 지퍼를 자른 뒤 지퍼머리가 빠지지 않게 끄트 머리 1cm 앞을 꿰맨 다음 마찬가지로 지퍼시접 을 0.5cm로 맞추어 시접 2cm 뒤에서 박음질을 한다.

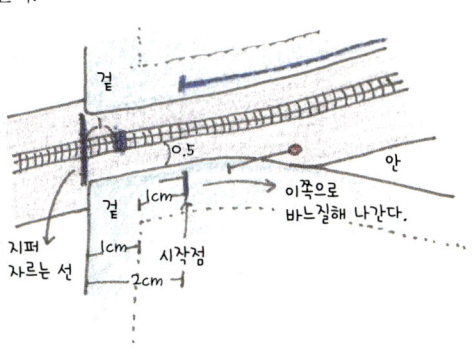

14 지퍼 나머지 한 쪽 끝도 가운데 선에서 0.5cm 앞 으로 맞춘다.

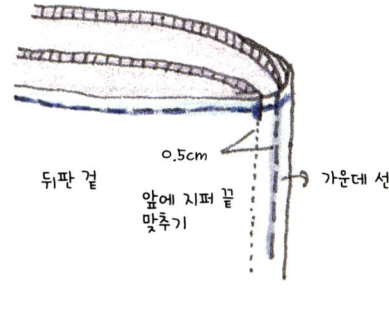

15 양쪽 지퍼를 다 달면 뒤집은 다음 겉감 안에서 밑단을 박음질한다. 시접 1cm.

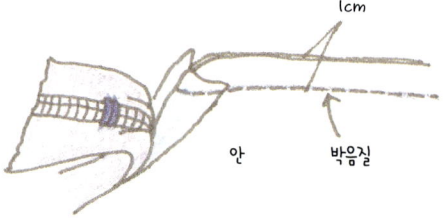

16 뒤집어서 지퍼 끄트머리 겉감을 박음질한다. (열고 닫는 곳이라 꿰매두면 튼튼하게 오래 쓸 수 있어요.)

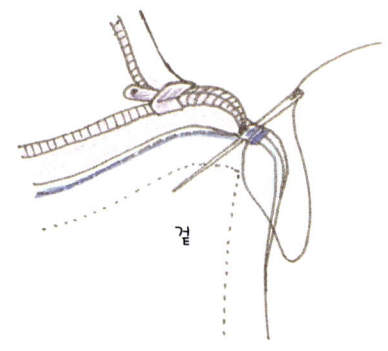

17 안감을 겉끼리 마주 보게 포갠 뒤 밑단을 감침질한다. 끄트머리 1cm는 남기고 꿰맨다.

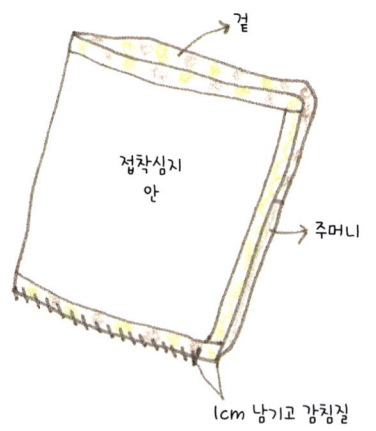

18 겉감 안에 안감을 넣고 감침질해 마무리한다.

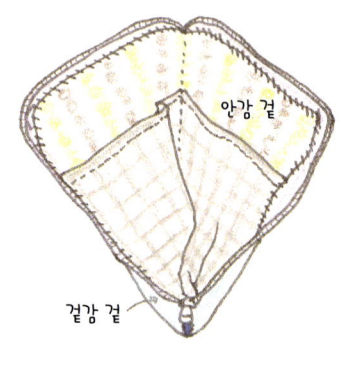

19 지퍼 머리에 매듭끈을 끼우고 나무비즈를 단다.

속닥속닥

- -

• 지퍼는 여닫기 쉬워서 가방 여밈으로 곧잘 쓰이지만 달기는 쉽지 않아요. 그래도 몇 번 달다 보면 손에 익어서 조금씩 쉬워진답니다. 그러니 처음부터 겁먹지는 마세요.^^

햇빛은 쨍쨍 모래알은 반짝!
뜨거운 가을날, 모델 하느라 애쓴 도연이와 가온이.
고마워. :)

도시락가방

마음이 깃든 밥 한 끼.
곱다시 감싸고 싶어요.
손수건으로 감싼 옛날 도시락처럼.

나들이 하면 도시락이 먼저 떠올라요.
함께 나눌 사람을 떠올리면서 마음으로 담은 밥 한 끼,
그 마음만큼 따뜻하게 곱다시 담고 싶어요.
손수건으로 여민 어릴 때 도시락처럼 덮개가 있는
도시락가방을 만들어요.

11수 마 무늬 네 가지 겉감 앞판 8 × 22cm, 6 × 22cm, 겉감 뒤판 9 × 22cm, 5 × 22cm
11수 마 빛깔 두 가지 겉감 앞판 11 × 22cm(자주빛), 겉감 뒤판 11 × 22cm(파란빛)
10수 마 앞판 11 × 22cm, 뒤판 11 × 22cm, 손잡이 8 × 36cm 2장
30수 면 안감 30 × 22cm 2장
주름 거즈(면) 덮개 36 × 36cm 2장
4온스 접착퀼팅솜 28 × 20cm 2장, 13mm 단추 2개

1 천을 자른다. 덮개는 먼저 높이 36cm, 넓이 36cm으로 된 세모를 그린 다음 6cm 위에서 부채꼴을 29cm로 만들어 두 장 자른다.

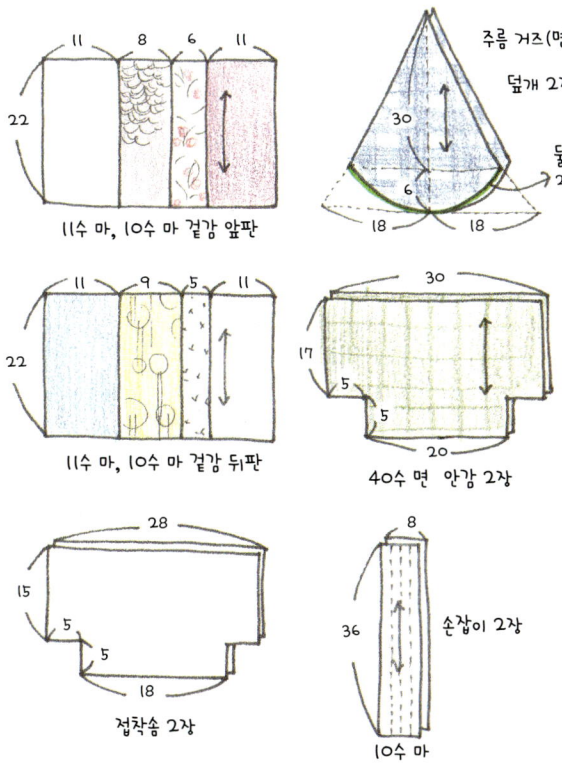

11수 마, 10수 마 겉감 앞판

주름 거즈 (면)
덮개 2장
둘레 29cm

11수 마, 10수 마 겉감 뒤판

40수 면 안감 2장

접착솜 2장

10수 마
손잡이 2장

2 덮개는 부채꼴을 뺀 양쪽 시접을 0.2cm씩 두 번 접어 홈질한다. 두 장 모두 똑같이 만든다.

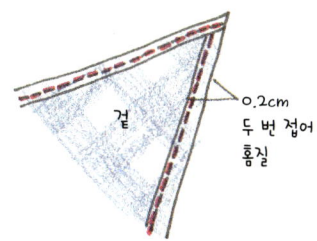

겉
0.2cm
두 번 접어
홈질

3 손잡이를 2cm씩 두 번 접어 홈질한다. 두 개를 만든다.

4 안감을 겉끼리 마주 보게 포갠 뒤 밑단과 양옆을 홈질해 붙인다. 시접 1cm.

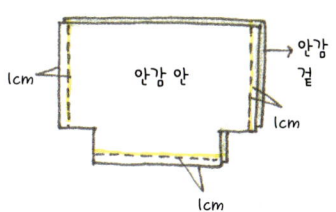

안감 안
안감 겉
1cm
1cm
1cm

5 밑단을 꿰매 바닥면을 만들고
윗단을 1cm 접는다. (캔버스가
방 만들기- 6 그림을 보세요.)

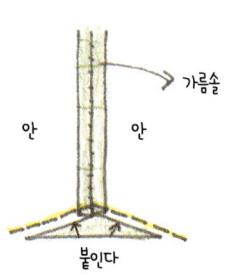

6 겉감 앞판과 뒤판 천들을 홈질
해 이어붙인다. 가름솔 한다.

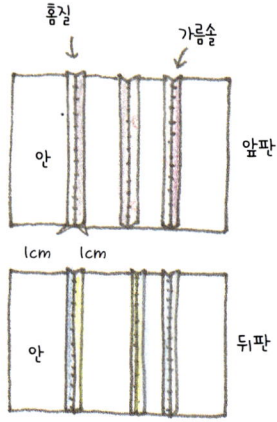

7 이어 붙인 겉감 앞판과 뒤판을
바늘땀을 넣어 꾸민다.

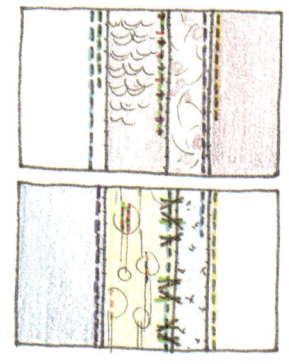

8 겉감에 접착솜을 붙인다.

9 겉감을 겉끼리 마주 보게 포갠 뒤 밑단과 양옆을 홈질해 붙인다. 시접
1cm.

10 양쪽 밑단을 잡아 바닥면을 만든 다음 단추를 달아 꾸민다. (캔버스
가방 만들기 끄트머리 '속닥속닥'을 보세요.)

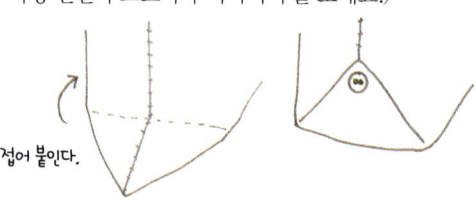

11 윗단을 1cm 접고 가운데를
맞춰 10cm 사이로 끈을 단
다. 시접 1.5cm.

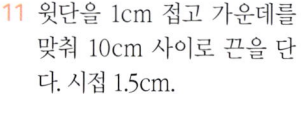

12 겉감에 덮개를 붙인다. 먼저 한쪽 덮개를 가운데를 맞춰 박
음질해 붙인 다음 나머지 한 쪽을 그 위에 살짝 겹쳐서 붙인
다. 시접 1cm. (덮개를 붙일 때는 앞판과 뒤판 가운데를 잘
맞춘 뒤에 꿰매면 좋아요. 잘 맞추고 나서 시침핀으로 꽂아
두세요. 한 쪽만 맞춰서 꿰매다 보면 끝에 가서 천이 모자라
거나 남아 안 맞을 수 있으니까요.)

13 겉감 안에 안감을 넣고 윗단을 홈질해서 붙인다.

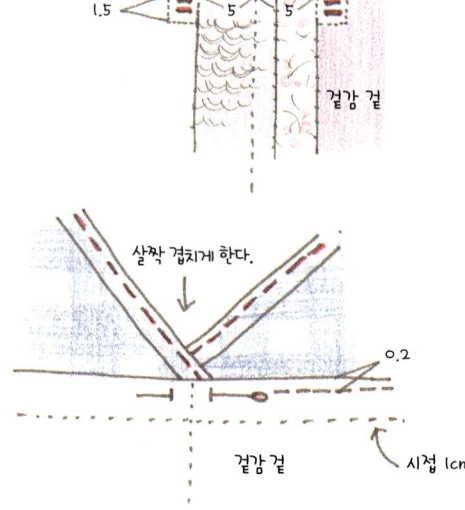

속닥속닥

- 덮개 밑쪽이 부채꼴이기 때문에 바이어스처럼 당기면 잘 늘어난답니다. 그래서 몸판 넓이보다 1cm쯤 짧게
잘라요.

- 작은 천들을 이어 붙일 때는 양쪽 시접 1cm씩(모두 2cm)을 더해서 잘라야만 처음에 생각했던 크기로 만들
수 있어요.

엄마 시집 오실 때 외할머니께서 주셨다는 실패,
가만가만 가져다가 살몃살몃 담는다.
빨간 실패에는 이제 바로 감은 실, 까만 실패에는 손때 묻은 옛날 시침실.
한참 물끄러미 바라보니 엄마가 옆에서
"너 가져다 쓸래?" 하신다.
잠깐 탐이 났다가 "아니요~" 한다.
그대로 엄마 곁에서 할머니 결 잇고 엄마 결이 스미기를 바라면서.

36.5℃ 손바느질 소품 37

지은이 송민혜
사진·그림 송민혜

디자인 정미영
책임편집 정채영

1쇄 2014년 4월 5일
2쇄 2019년 5월 25일

펴낸이 송은숙
펴낸곳 겨리
등록번호 제2013-000009호
주소 21347 인천광역시 부평구 부개로 58, 110-803
전화 070-8627-0672
팩스 0505-273-0672
홈페이지 www.gyeori.com

ISBN 978-89-957983-4-8 13590
값 13,800원

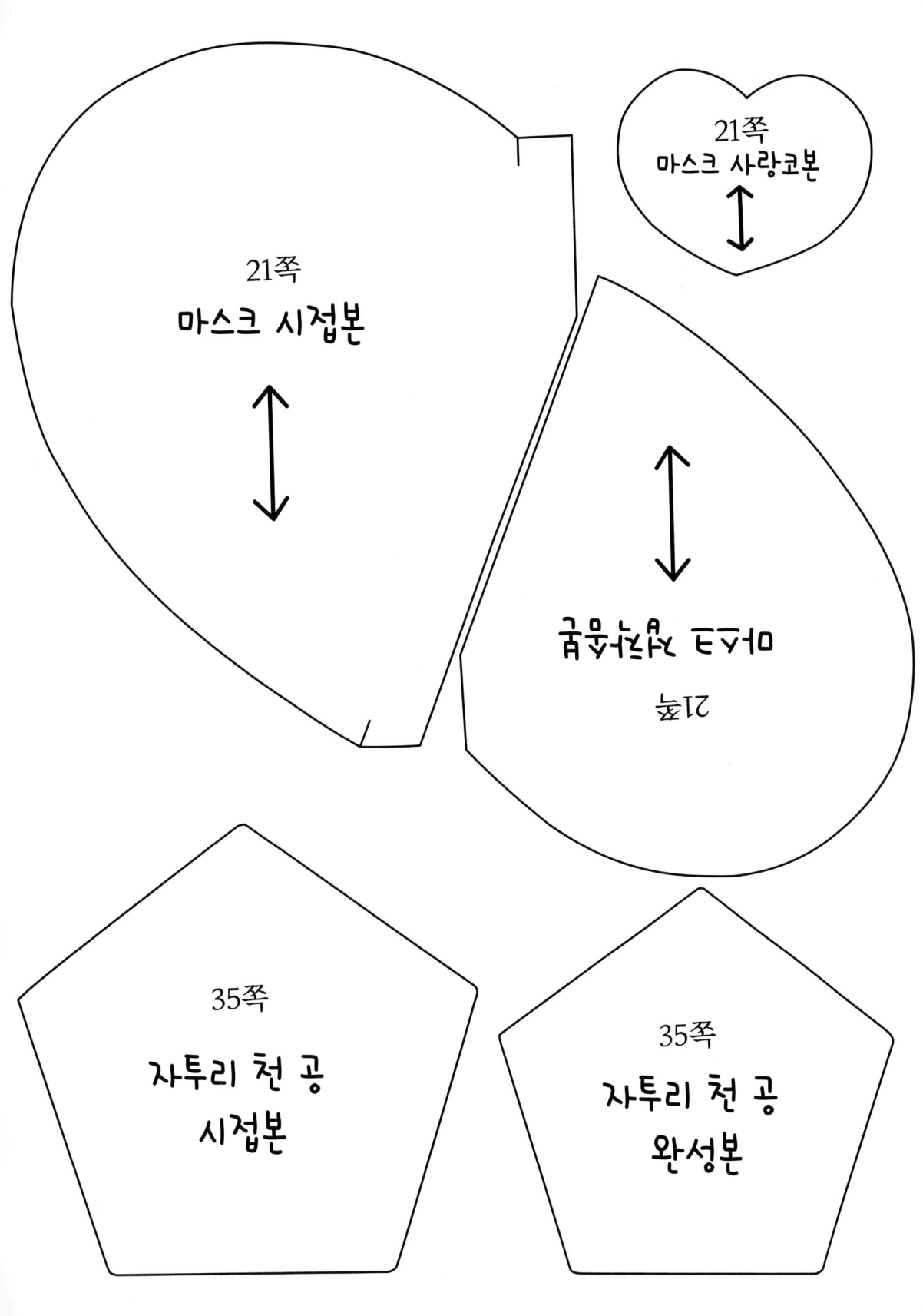

21쪽
마스크 시접본

21쪽
마스크 사랑코본

마스크 완성본
21쪽

35쪽
자투리 천 공
시접본

35쪽
자투리 천 공
완성본

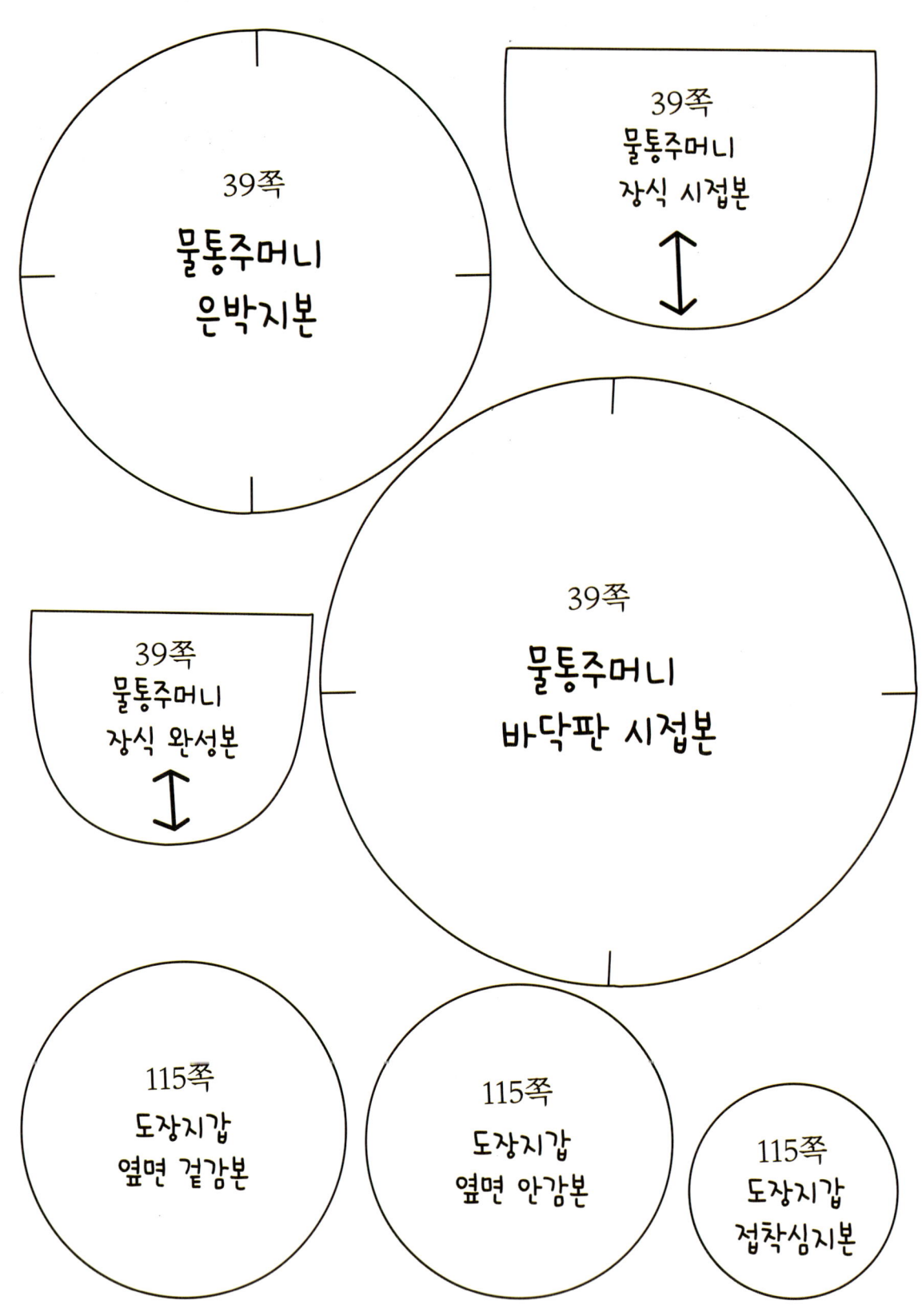

39쪽
물통주머니
은박지본

39쪽
물통주머니
장식 시접본

39쪽
물통주머니
장식 완성본

39쪽
물통주머니
바닥판 시접본

115쪽
도장지갑
옆면 겉감본

115쪽
도장지갑
옆면 안감본

115쪽
도장지갑
접착심지본

101쪽

비닐봉지 손잡이
시접본

101쪽

비닐봉지 손잡이
접착솜본

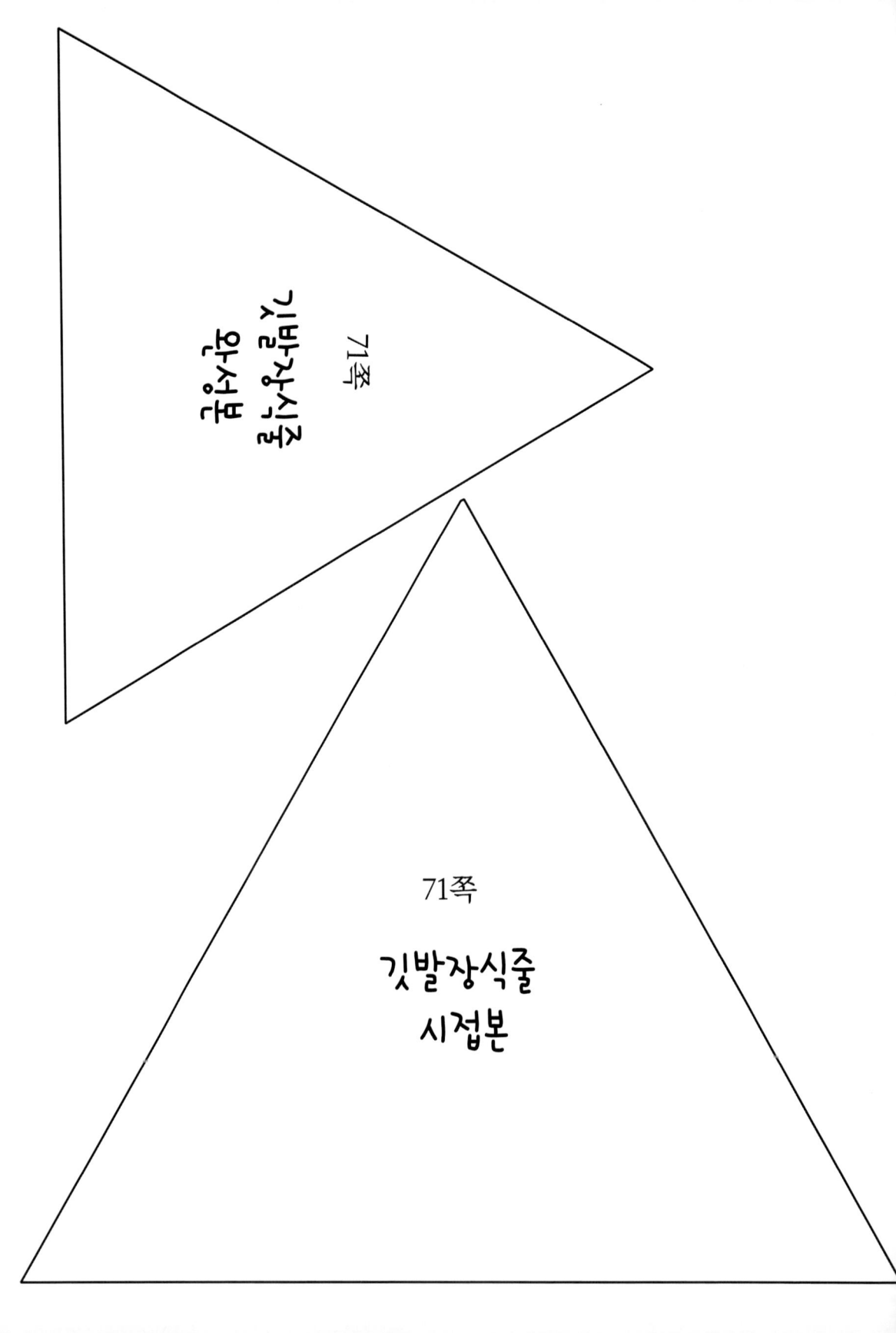

71쪽

기발장식줄
안서본

71쪽

깃발장식줄
시접본

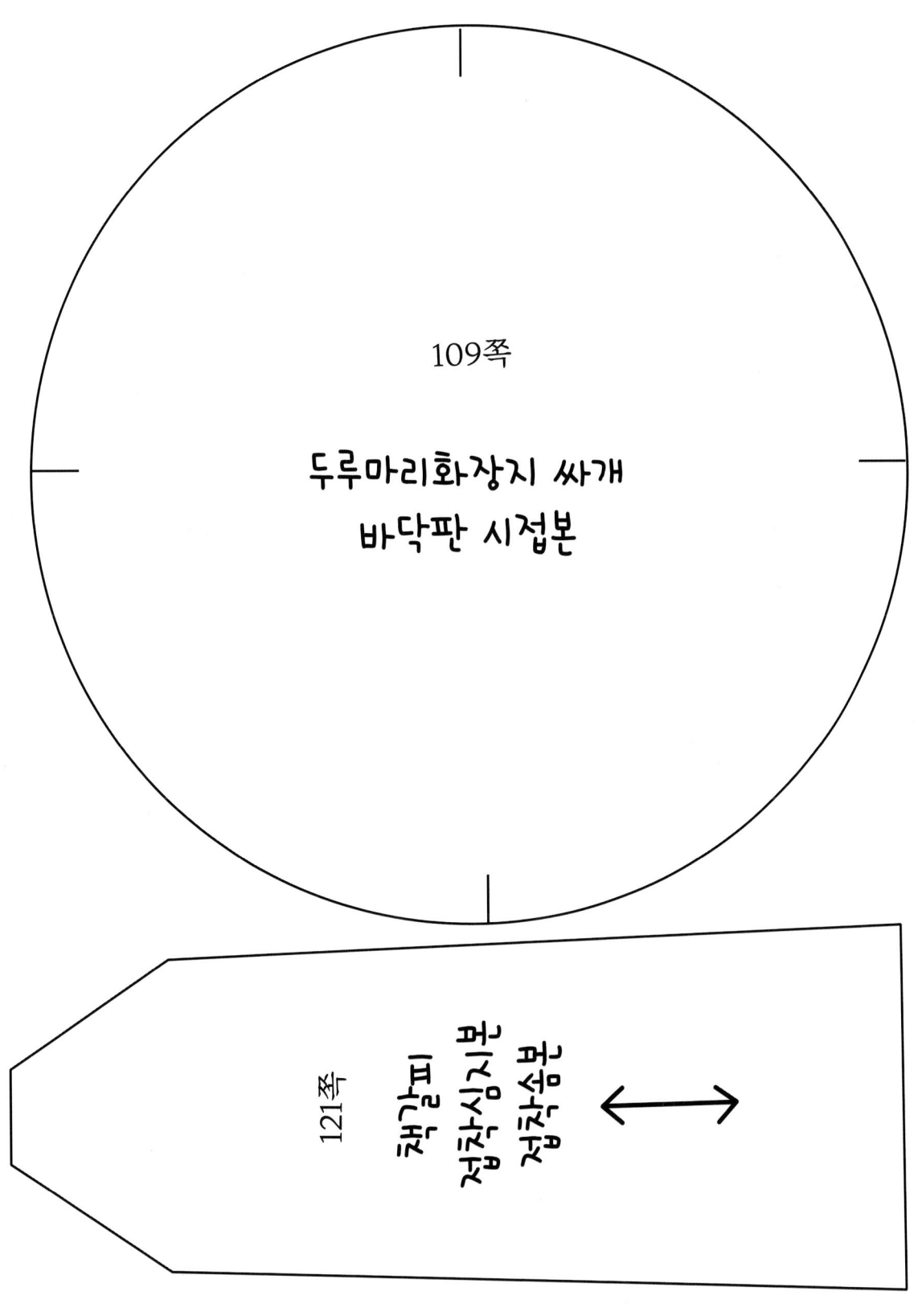

109쪽

두루마리화장지 싸개
바닥판 시접본

121쪽

뚜껑 씌우개
겉감시접
안단선

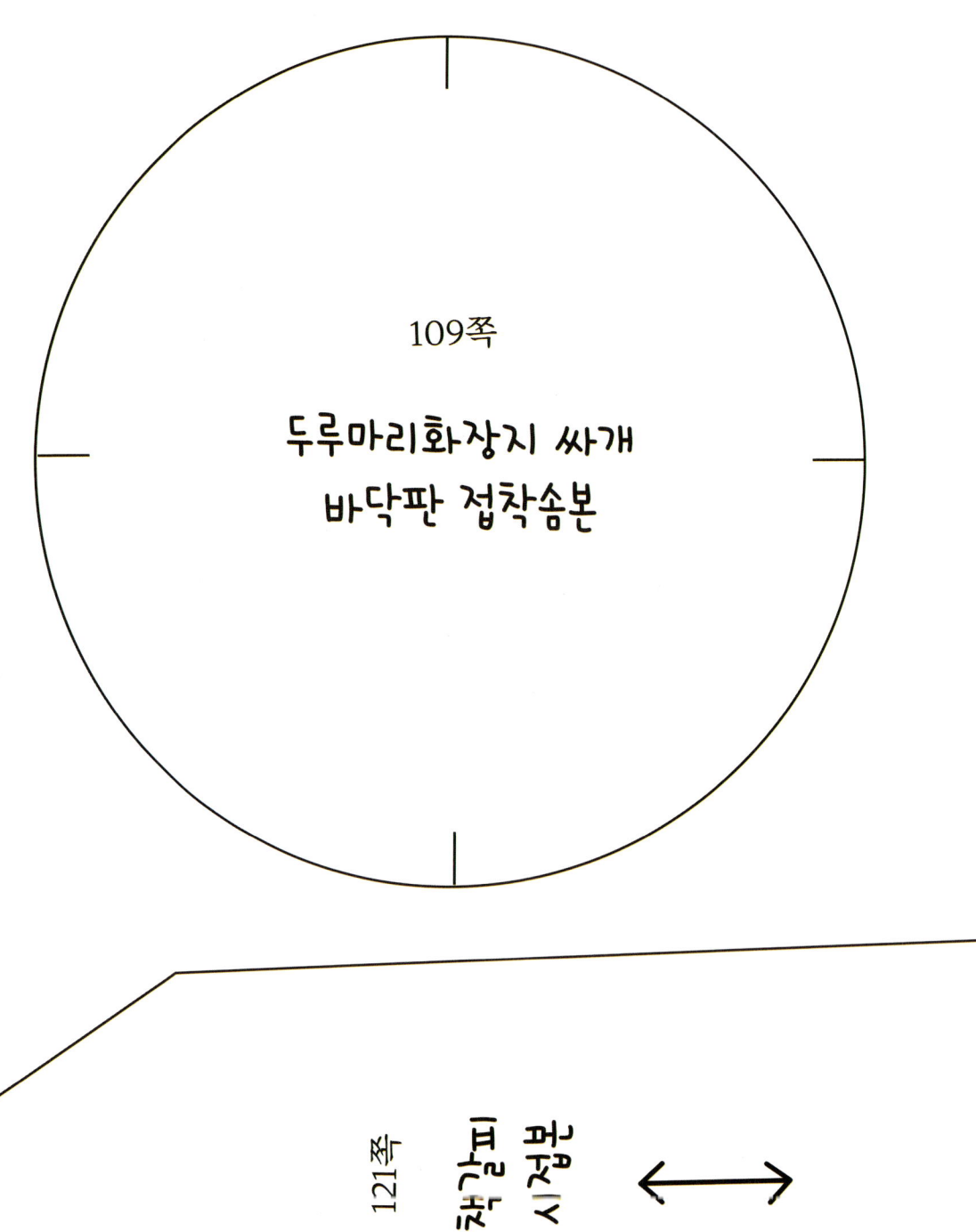

109쪽

두루마리화장지 싸개
바닥판 접착솜본

121쪽
재단본 시접표시

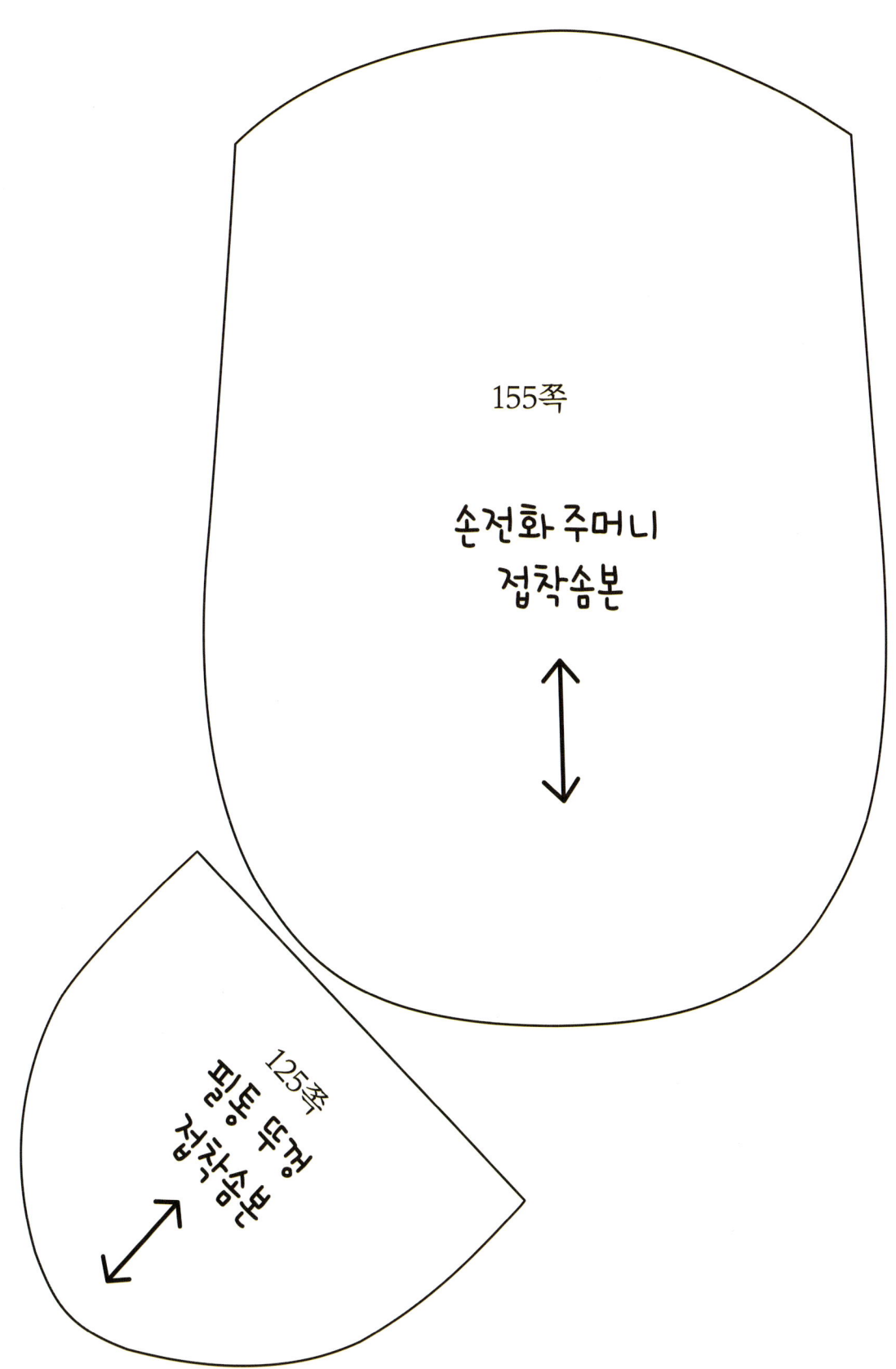

155쪽

손전화 주머니
접착솜본

125쪽
필통 뚜껑
접착솜본

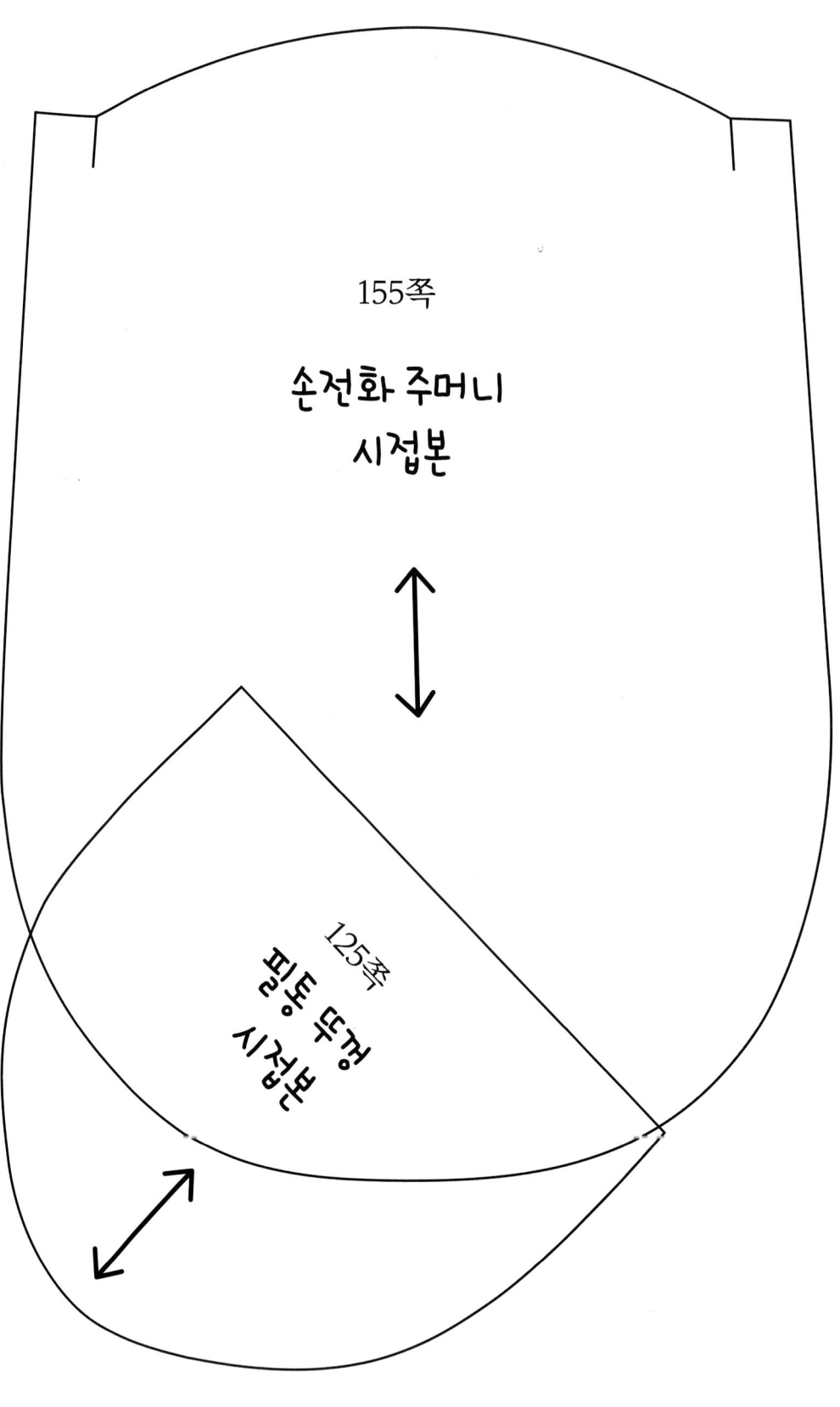

155쪽

손전화 주머니
시접본

125쪽
필통 뚜껑
시접본

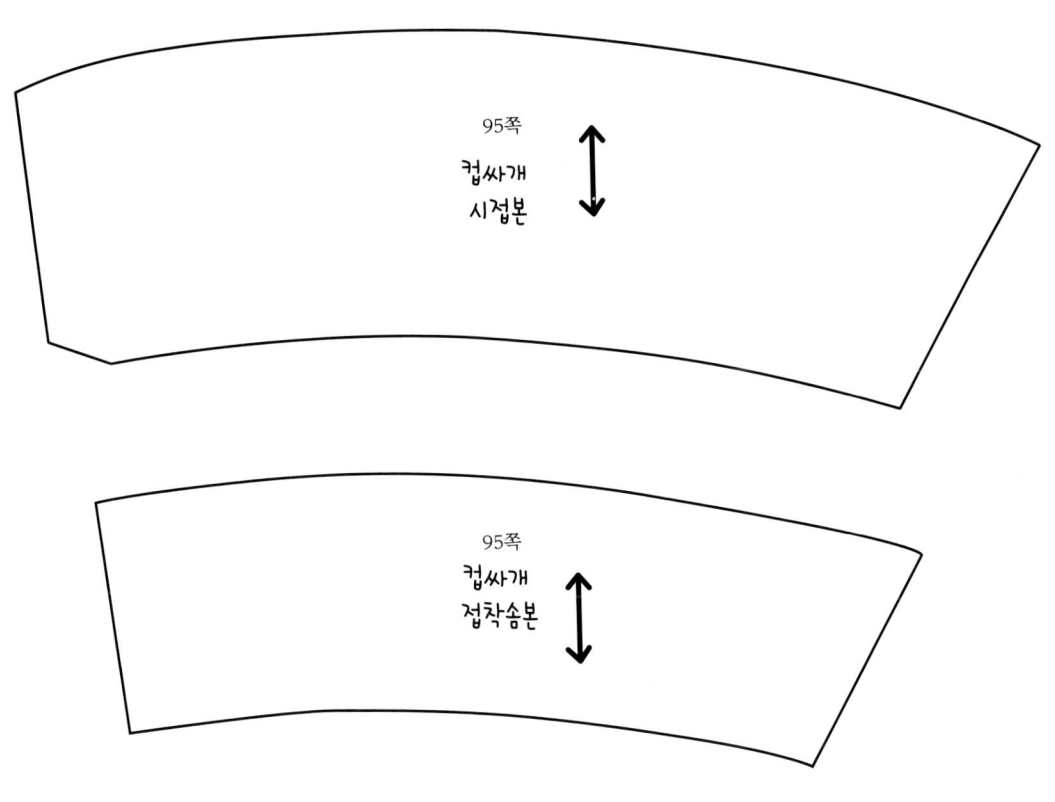

95쪽
컵싸개
시접본

95쪽
컵싸개
접착솜본

이 페이지와 안쪽의 아코디언주머니 가방, 목베개,
고깔, 컵싸개 옷본은 50% 확대해 쓰세요.

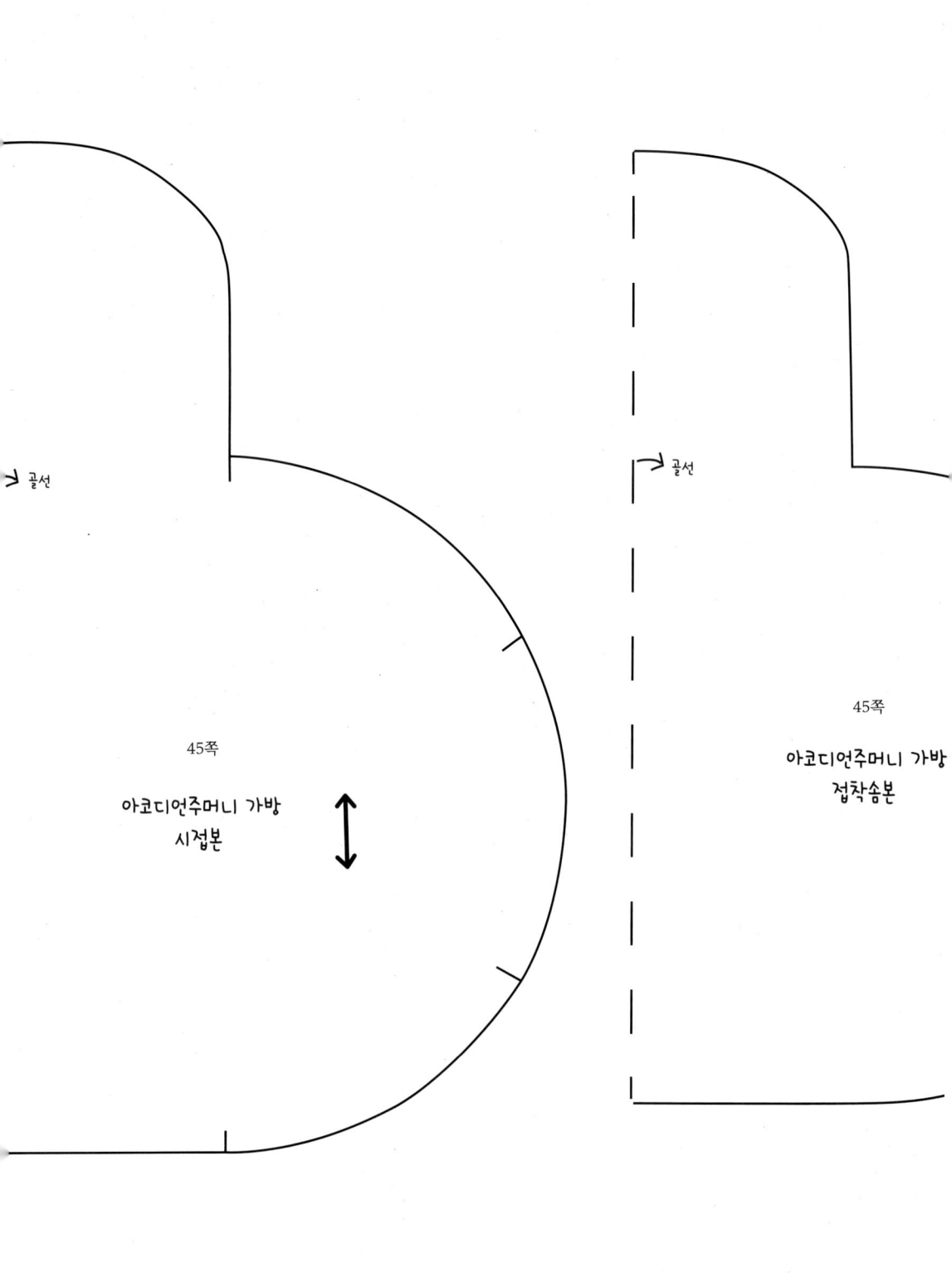

골선

45쪽

아코디언주머니 가방
시접본

골선

45쪽

아코디언주머니 가방
접착솜본

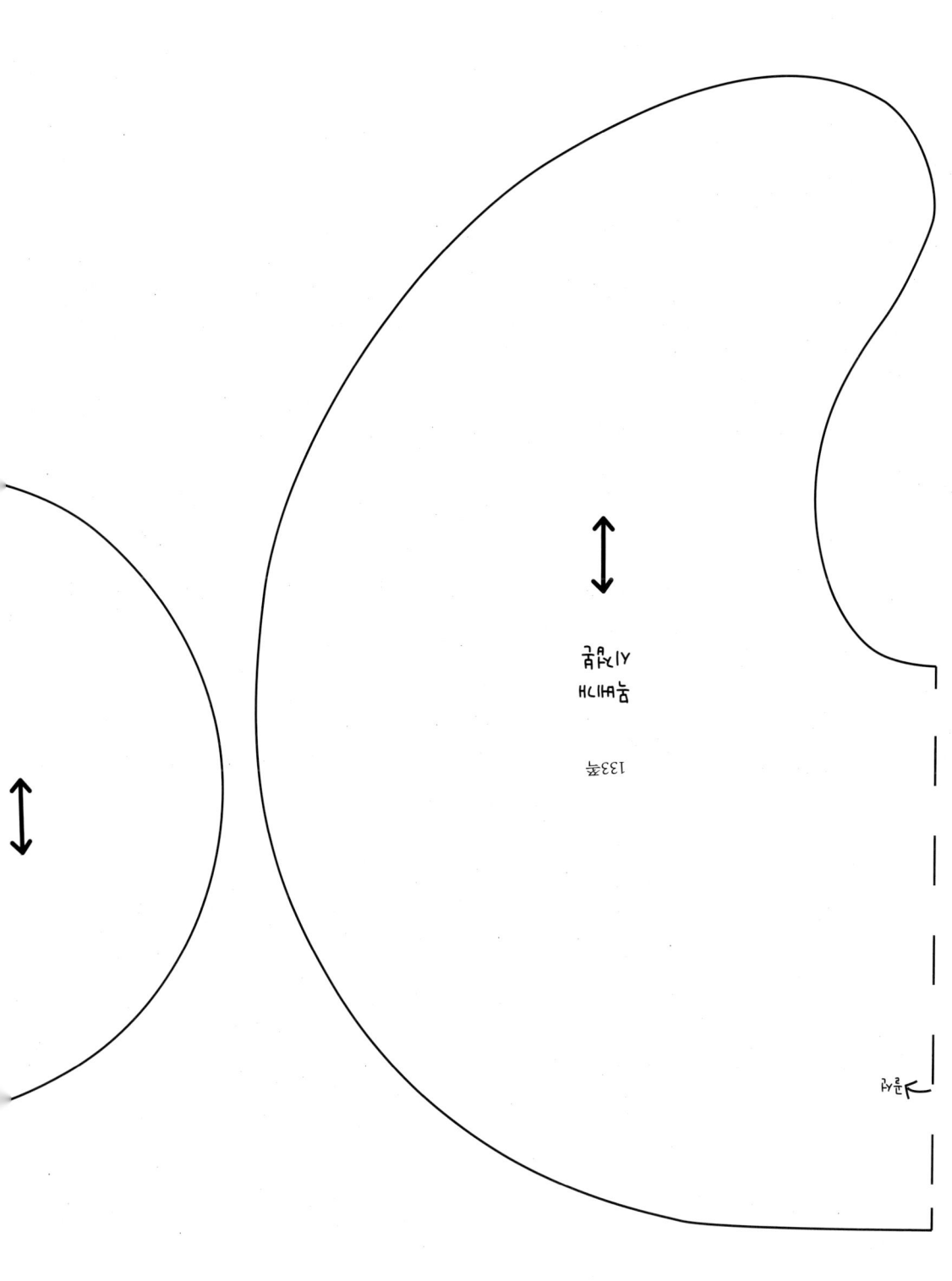

시접분량
육대미기

133쪽

완성선

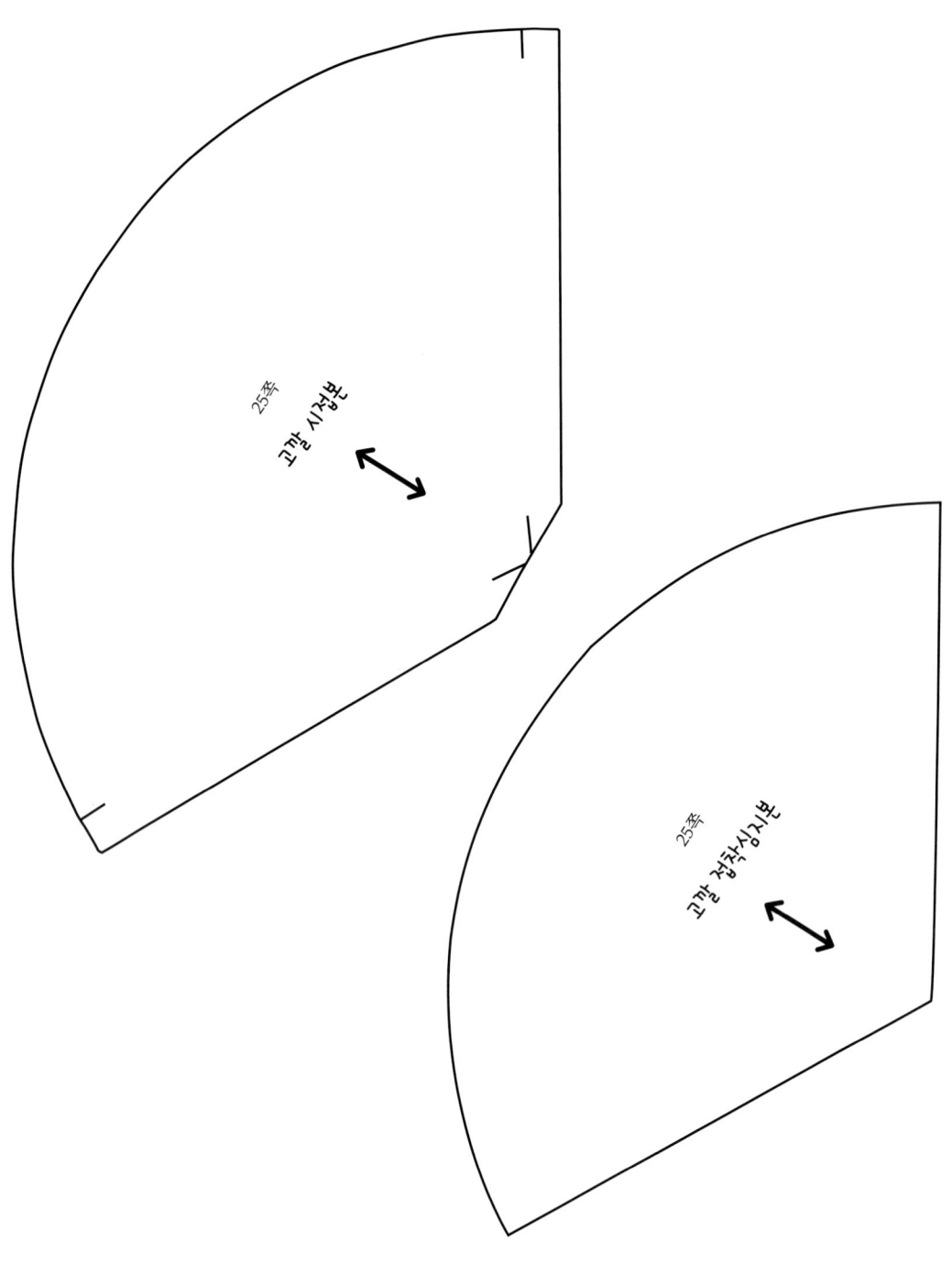

고깔 시접선 25족

고깔 정접선시접선 25족